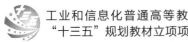 工业和信息化普通高等教育 "十三五"规划教材立项项目 | 高等院校"十三五" 网络与新媒体系列教材

 微课版

短视频

策划、拍摄与制作

邓元兵 胡莹◎主编

伍博 张延良 曹旭◎副主编

U0177377

Short Video

Planning, Shooting and Production

人民邮电出版社

北京

图书在版编目（CIP）数据

短视频策划、拍摄与制作：微课版 / 邓元兵，胡莹
主编. -- 北京：人民邮电出版社，2022.1（2024.6重印）
高等院校"十三五"网络与新媒体系列教材
ISBN 978-7-115-56929-5

Ⅰ. ①短… Ⅱ. ①邓… ②胡… Ⅲ. ①视频编辑软件
－高等学校－教材②图像处理软件－高等学校－教材
Ⅳ. ①TN94②TP391.413

中国版本图书馆CIP数据核字(2021)第135621号

内 容 提 要

短视频由于具有更多样的观看场景、更高的信息密度、更强的传播和社交属性、更低的观看门槛等优势，已经成为移动互联网时代的流量入口。本书结合短视频平台和短视频制作工具，深入地介绍了制作短视频的策略、方法和实际操作，内容包括短视频的概述、策划、拍摄、后期制作、运营、商业变现，以及抖音短视频的制作、Vlog的制作及案例分析。

本书配有 PPT 课件、教学大纲、电子教案、课后习题答案、模拟试卷等教学资源，用书老师可在人邮教育社区免费下载使用。

本书结构清晰、图文并茂、注重实践，既适合作为本科院校及职业院校相关专业的教学用书，又适合作为短视频和新媒体领域从业人员的参考书，还适合对短视频拍摄、后期制作、运营等感兴趣的广大读者阅读。

◆ 主　　编　邓元兵　胡　莹
　　副 主 编　伍　博　张延良　曹　旭
　　责任编辑　王　迎
　　责任印制　李　东　胡　南

◆ 人民邮电出版社出版发行　　北京市丰台区成寿寺路 11 号
　　邮编　100164　电子邮件　315@ptpress.com.cn
　　网址　https://www.ptpress.com.cn
　　北京盛通印刷股份有限公司印刷

◆ 开本：700×1000　1/16
　　印张：11.5　　　　　　　2022 年 1 月第 1 版
　　字数：258 千字　　　　　2024 年 6 月北京第 7 次印刷

定价：59.80 元

读者服务热线：(010)81055256　印装质量热线：(010)81055316
反盗版热线：(010)81055315
广告经营许可证：京东市监广登字 20170147 号

前言 /PREFACE

党的二十大报告指出：构建优质高效的服务业新体系，推动现代服务业同先进制造业、现代农业深度融合。加快发展数字经济，促进数字经济和实体经济深度融合，打造具有国际竞争力的数字产业集群。随着移动互联网、新媒体行业的发展和5G时代的全面到来，短视频行业迅速发展。短视频具有社交、电商等属性，其覆盖人群不断扩大，商业模式不断更新，2020年我国短视频市场规模已达到1408.3亿元。目前抖音、快手是短视频行业的头部平台：快手起步早，用户基数大，且积极发展电商和游戏直播等业务；抖音虽然起步较晚，但入驻KOL数量多，推广情况良好。

短视频凭借高市场渠道覆盖率和强大的社会影响力，不仅给人们的工作、生活、学习带来了方便，也给运营者带来商业变现的机会。创作者要想让短视频作品在短时间内获得广泛关注，不仅要做好前期策划工作，紧跟时事热点，制造话题，抓住用户痛点，打造优质内容；还要注重短视频的拍摄和剪辑工作，提高短视频质量，这样才能吸引用户关注，通过一系列引流措施最终实现商业变现。

本书从短视频拍摄和制作的角度出发，深入介绍了短视频策划、拍摄、后期制作、运营和商业变现的方法。本书内容新颖、图文并茂、案例丰富，适合对短视频拍摄、后期制作、运营等感兴趣的广大读者阅读。

 本书特色

体系完善，强化应用　本书立足于短视频行业的实际应用，内容包含短视频的策划、拍摄、制作，以及运营变现，详细地介绍了从短视频创作到运营过程中的各个环节，形成了完整的内容体系。本书从手机拍摄到单反/微单相机拍摄、从移动端短视频制作到PC端短视频制作进行介绍，强化实际应用，注重技能提升。

实例引导，注重实操　本书不仅概述了短视频的基本情况，还详细介绍了大量精彩短视频案例的制作，包含短视频的策划，以及移动端和PC端剪辑软件的具体操作过程等，使读者通过案例操作达到一学即会、举一反三的学习效果。

图解教学，资源丰富　本书采用图解教学的形式，一步一图，以图析文，让读者在实操过程中能够更直观、清晰地掌握短视频策划、拍摄、后期制作、运营和商业变现的流程和技巧。同时，本书还提供了PPT课件、教学大纲。

扫码观看，双轨学习　本书的配套教学视频与书中内容紧密结合，读者可以通过扫描书中二维码，在手机上观看视频，随时随地学习。

本书主编为邓元兵、胡莹，副主编为伍博、张延良和曹旭。书中难免有疏漏和不妥之处，恳请广大读者指正。

编者

2021年8月

目录/CONTENTS

第1章 短视频概述

1.1 短视频简介 2

   1.1.1 短视频的发展现状和趋势 2

   1.1.2 短视频的特征和优势 4

   1.1.3 短视频的类型 5

   1.1.4 优质短视频具备的元素 8

1.2 短视频的主要平台 11

   1.2.1 抖音 11

   1.2.2 快手 11

   1.2.3 西瓜视频 12

   1.2.4 淘宝卖家秀 12

1.3 短视频的制作流程 13

   1.3.1 前期准备 13

   1.3.2 策划、拍摄和后期剪辑 15

   1.3.3 短视频的发布 16

本章习题 16

第2章 短视频的策划

2.1 短视频的用户定位 19

   2.1.1 用户信息数据分类 19

   2.1.2 获取用户信息 19

   2.1.3 确定使用场景 21

   2.1.4 设计使用模板 22

   2.1.5 形成用户画像 22

2.2 短视频的选题策划 23

   2.2.1 选题策划的五个维度 23

   2.2.2 选题策划的基本原则 24

   2.2.3 获取选题素材的渠道 25

   2.2.4 切入选题的方法 26

2.3 短视频的内容策划 27

   2.3.1 内容的垂直细分 27

   2.3.2 内容的分类标签 30

   2.3.3 内容的价值、意义 30

   2.3.4 内容的痛点切入方法 32

   2.3.5 内容的持续、稳定 33

2.4 短视频内容的展现形式 34

   2.4.1 图文形式 34

   2.4.2 模仿形式 34

   2.4.3 解说形式 35

   2.4.4 脱口秀形式 35

   2.4.5 情景剧形式 36

   2.4.6 Vlog 形式 36

本章习题 37

第3章 短视频的拍摄

3.1 拍摄设备的选择 ⋯⋯⋯⋯ 39
- 3.1.1 拍摄设备 ⋯⋯⋯⋯ 39
- 3.1.2 辅助设备 ⋯⋯⋯⋯ 40

3.2 拍摄技巧 ⋯⋯⋯⋯ 43
- 3.2.1 画面构图的设计 ⋯⋯⋯⋯ 43
- 3.2.2 景别和景深的运用 ⋯⋯⋯⋯ 52
- 3.2.3 拍摄角度的选择 ⋯⋯⋯⋯ 54
- 3.2.4 光线的选取 ⋯⋯⋯⋯ 58

- 3.2.5 运镜的巧用 ⋯⋯⋯⋯ 63

3.3 使用手机与单反/微单相机 拍摄短视频 ⋯⋯⋯⋯ 64
- 3.3.1 拍摄前的准备工作 ⋯⋯⋯⋯ 65
- 3.3.2 使用手机拍摄短视频的技巧 ⋯⋯⋯⋯ 65
- 3.3.3 使用单反/微单相机拍摄短视频的优势和技巧 ⋯⋯⋯⋯ 67

本章习题 ⋯⋯⋯⋯ 69

第4章 短视频的后期制作

4.1 后期剪辑基本原则 ⋯⋯⋯⋯ 72
- 4.1.1 镜头组接 ⋯⋯⋯⋯ 72
- 4.1.2 画面转场 ⋯⋯⋯⋯ 75
- 4.1.3 蒙太奇剪辑 ⋯⋯⋯⋯ 80

4.2 使用剪映App剪辑 ⋯⋯⋯⋯ 83
- 4.2.1 添加视频素材并修剪素材 ⋯⋯⋯⋯ 84
- 4.2.2 添加动画和转场效果 ⋯⋯⋯⋯ 84
- 4.2.3 添加并处理音频 ⋯⋯⋯⋯ 86
- 4.2.4 添加并处理文本 ⋯⋯⋯⋯ 89

4.3 使用Premiere剪辑 ⋯⋯⋯⋯ 90

- 4.3.1 新建项目并导入素材 ⋯⋯⋯⋯ 90
- 4.3.2 修剪视频素材 ⋯⋯⋯⋯ 93
- 4.3.3 视频调速 ⋯⋯⋯⋯ 95
- 4.3.4 添加视频效果和转场效果 ⋯⋯⋯⋯ 96
- 4.3.5 视频调色 ⋯⋯⋯⋯ 98
- 4.3.6 编辑音频 ⋯⋯⋯⋯ 101
- 4.3.7 添加文本 ⋯⋯⋯⋯ 104
- 4.3.8 导出视频 ⋯⋯⋯⋯ 106

本章习题 ⋯⋯⋯⋯ 107

第5章 短视频的运营

5.1 前期运营 ⋯⋯⋯⋯ 110
- 5.1.1 完善账号 ⋯⋯⋯⋯ 110
- 5.1.2 设计封面 ⋯⋯⋯⋯ 112
- 5.1.3 设置标题 ⋯⋯⋯⋯ 114
- 5.1.4 添加标签 ⋯⋯⋯⋯ 115

5.2 用户运营 ⋯⋯⋯⋯ 116

- 5.2.1 借势"涨粉",吸引用户关注 ⋯⋯⋯⋯ 117
- 5.2.2 稳定更新,培养用户的观看习惯 ⋯⋯⋯⋯ 117
- 5.2.3 加强互动,提高用户活跃度 ⋯⋯⋯⋯ 119
- 5.2.4 建立社群,增强用户黏性 ⋯⋯⋯⋯ 120

5.3 渠道推广 ⋯⋯⋯⋯ 120

5.3.1 短视频推广渠道分类 ……… 121

5.3.2 选择合适的推广渠道 ……… 121

5.4 数据分析 ……………………… 122

5.4.1 数据分析平台 ……………… 122

5.4.2 数据分析的作用 …………… 123

本章习题 ………………………………… 126

第6章 短视频的商业变现

6.1 广告变现 ……………………… 128

6.1.1 植入式广告 ………………… 128

6.1.2 贴片广告 …………………… 130

6.1.3 冠名广告 …………………… 131

6.1.4 品牌定制广告 ……………… 131

6.2 电商变现 ……………………… 134

6.2.1 运用淘宝客推广模式 ……… 135

6.2.2 自营品牌电商推广模式 …… 137

6.3 用户付费视频内容 …………… 138

6.3.1 用户打赏 …………………… 139

6.3.2 购买特定产品 ……………… 139

6.3.3 会员制付费 ………………… 140

6.4 直播变现 ……………………… 141

6.4.1 打赏模式 …………………… 141

6.4.2 带货模式 …………………… 141

6.4.3 承接广告 …………………… 142

6.4.4 内容付费 …………………… 142

6.4.5 企业宣传 …………………… 142

6.4.6 游戏付费 …………………… 142

本章习题 ………………………………… 142

第7章 抖音短视频的制作

7.1 变装短视频的制作 ………… 145

7.2 卡点短视频的制作 ………… 148

7.3 颜色渐变效果短视频的制作 … 151

7.4 画中画卡点短视频的制作 … 154

7.5 分身短视频的制作 ………… 159

7.6 钟摆转场短视频的制作 …… 161

7.7 蒙版卡点短视频的制作 …… 166

本章习题 ………………………………… 168

第8章 Vlog 的制作及案例分析

8.1 Vlog 的制作 ………………… 170

8.1.1 前期准备 …………………… 170

8.1.2 内容策划 …………………… 170

8.1.3 拍摄 ………………………… 171

8.1.4 后期制作 …………………… 172

8.2 Vlog 案例分析 ……………… 176

本章习题 ………………………………… 178

第1章

短视频概述

随着短视频越来越流行，越来越多的个人或者团队进入了短视频制作领域。一个短视频作品从前期策划到后期发布，需要经历哪些流程呢？本章将详细介绍短视频的制作流程。

关于本章知识，本书配套的教学资源可在人邮教育社区下载使用，教学视频可直接扫描书中二维码观看。

1.1 短视频简介

短视频即短片视频，是指以新媒体为传播渠道，由用户自主拍摄、剪辑、制作的时长短、可及时传播、内容形式多样的视频，是继文字、图片、传统视频之后新兴的一种内容传播载体。随着智能手机和 4G、5G 网络的普及，时长短、传播快、互动性强的短视频逐渐获得各大平台、粉丝和资本的青睐。

"短视频"一词最早起源于美国移动短视频社交应用 Viddy。在我国，2011 年制作分享 GIF 动图的工具"GIF 快手"上线；2012 年快手从工具应用转型为短视频平台；2013 年微博秒拍和腾讯微视等短视频平台上线，将短视频推上了新的台阶；2014 年美拍的上线和 2015 年小咖秀的上线，使短视频行业形成了"百家争鸣"的局面；2016 年，抖音、梨视频和火山小视频上线；2017 年短视频进入爆发时期；到 2020 年，短视频行业逐渐形成了以抖音和快手为代表的"两超多强"的态势。

1.1.1 短视频的发展现状和趋势

根据中商情报网资讯：短视频行业与新闻、电商和旅游等行业的融合不断深入，短视频平台也持续发挥其自身优势，助力乡村经济发展。2020 年 9 月 29 日，中国互联网络信息中心（China Internet Network Information Center，CNNIC）发布第 46 次《中国互联网络发展状况统计报告》，数据显示，截至 2020 年 6 月，我国的短视频用户规模为 8.18 亿人，较 2020 年 3 月增长 4461 万人，占网民整体的 87%。

1-1 短视频的发展现状和趋势

1. 短视频的发展现状

作为当今信息传播的重要方式之一，短视频经历了萌芽、成长、爆发到现在持续稳定发展的过程，内容模式也从用户生成内容（User-Generated Content，UGC）转向了专业生成内容（Professional-Generated Content，PGC）。

◉ 短视频逐渐成为其他网络应用的基础功能

首先，短视频成为新闻报道的新选择。短视频为新闻报道提供了大量的信息，改变了新闻的叙事方式，扩宽了新闻的报道渠道，创新了新闻的传播方式。其次，短视频成为电商平台新标准配置。各大电商平台持续布局短视频业务，通过短视频生动形象地展示商品，促进消费者形成产品认知，激发用户需求，提升转化效率。目前，短视频已经成为主流电商平台的标准配置，"种草"功能日益凸显，主播通过短视频的方式（见图 1-1），向消费者介绍产品的功能和用途，提升商品购买率。此外，短视频也成为旅游市场的新动力。近两年，短视频带火了一大批旅游景点（见图 1-2），成为旅游业的重要营销手段。各大在线旅行平台纷纷打造自己的短视频内容社区，引导用户创作短视频游记，增加平台流量，从而实现流量变现。

短视频平台积极探索助农新模式

作为主流网络应用，短视频平台通过内容支持、流量倾斜、营销助力和品牌赋能等手段开展助农行动，为农户解决生产和经营难题，助力乡村经济发展。部分短视频平台目前已形成涵盖农民、农技专家和企业等在内的整条农业产业链，搭建了线上交流学习及交易的社区。快手批量上线农技类课程，并发布"春耕计划"（见图 1-3），对农技类短视频提供 5 亿元的流量助推扶持，同时让线下企业通过线上电商的方式进行销售，全链条、全场景支持农业生产和经营。抖音短视频平台发起"战役助农"系列活动（见图 1-4），提高各地农产品供需信息对接效率，帮助农户解决农产品销售难题。

图 1-1　　　　　　　图 1-2　　　　　　　图 1-3　　　　　　　图 1-4

2. 短视频的发展趋势

短视频正逐渐渗透大众的生活并慢慢改变人们的生活和工作方式，下面介绍短视频的发展趋势。

短视频内容趋于优质和丰富

短视频行业本质上是内容驱动型行业，优质的内容是短视频平台制胜的关键。而目前短视频行业令人诟病的问题之一便是内容同质化。由于短视频制作门槛低，最初吸引了一大批普通用户上传短视频，使普通用户有了展现自己的舞台，但是问题也随之而来，即短视频内容重复，极易使用户产生视觉疲劳，造成用户流失。

随着资本的注入和专业团队的加入，短视频内容变得丰富多样。有的短视频创作者将生活中发生的有趣小事稍做加工，突出笑点，收获大批粉丝；有的短视频创作者运用自己的专业技巧，使用不同的剪辑特效，制作炫酷的短视频内容，吸引粉丝关注；有的短视频创作者制作情景剧，在几分钟内向观众讲述故事，内容既可以是亲情、友情、爱情，也可以是人生哲理，时长虽比电影、电视剧短，但内容优质、制作精良，能在众多短视频内容中吸引观众。

短视频内容垂直细分，MCN 模式不断成熟

当前娱乐化的短视频内容充斥着短视频平台，内容生产者要想在众多短视频中突出重

围，制作的短视频内容不仅要优质还要有差异，实现垂直细分，这样吸引的用户群体更加精准，粉丝黏性更强，更易于变现。例如，现在已经崭露头角的"短视频＋直播""短视频＋电商""短视频＋社交"等模式，未来"短视频＋"模式将成为常态，垂直细分愈加明显。

多频道网络（Multi-Channel Network，MCN）将 PGC 联合起来，在资本的有力支持下，保障内容的持续输出，从而实现稳定变现。简单而言，MCN 通过与内容生产者签约或者自行孵化的方式，帮助内容生产者在内容生产、包装推广、运营变现等维度实现发展。随着"网红"经济的发展，MCN 机构的出现不可避免。在 MCN 机构的推动下，内容生产者将产出越来越多的优质内容，促进短视频的发展和更多细分市场的形成。

◉ **科技创新推动短视频进一步发展**

5G 技术的发展及普及，将大幅度提高移动通信的速率，有利于更多的内容生产者进行创作，加快短视频的传播速度，同时也将支撑增强现实（Augmented Reality，RA）、虚拟现实（Virtual Reality，VR）和人工智能（Artificial Intelligence，AI）等技术的发展和应用。通过"短视频＋VR/AR"丰富短视频应用场景，提升用户体验，短视频行业的发展空间将越来越大。

1.1.2 短视频的特征和优势

在短视频发展如火如荼的当下，很多人可能会产生这样的疑问：相较于文字、图片和传统视频而言，为什么短视频更能吸引观众的视线、得到大众的喜爱呢？下面让我们从短视频的特征和优势方面展开分析。

1. 制作流程简单，生产成本低

在短视频出现之前，大众对于制作视频的印象就是拍电影、拍电视剧，这需要专门的制作团队，流程复杂、成本高。短视频出现之后，大众自己拿起手机就可以拍摄短视频，经过简单的加工便可以上传短视频进行分享，制作流程简单，生产成本低。

2. 时长短，内容丰富

短视频时长一般在 15 秒～ 5 分钟，大多数在 15 秒左右，时长短，符合当下用户快节奏的生活和工作方式。而且相较于文字和图片而言，短视频可以给用户带来更好的视听体验。由于时长短，这便要求短视频每一秒的内容都很丰富，即"浓缩的就是精华"，降低用户获取信息的时间成本，充分利用用户的碎片化时间。

3. 传播速度快，社交属性强

短视频是信息传递的新方式，是社交的延伸。用户将制作完成的短视频上传至短视频 App 之后，其他用户可以点赞、评论、转发分享和私信；而且短视频 App 还与微信和微博等其他社交平台合作，用户可以将短视频转发到微信朋友圈和微博等，进行广泛传播。

4. 内容形式多样，个性化十足

短视频用户群体年龄跨度大，所以短视频内容的表现形式多种多样，有的运用创意剪辑手法和炫酷特效，有的采用情景剧形式，内容或搞笑，或感动，向观众传递情感等。短视频创作者可以在短视频中充分展现自己的想法和创意，而观众也可以根据自己的兴趣爱好观看不同内容、不同形式的短视频，满足精神需求。

5. 实现精准营销，营销效果好

短视频创作者可以根据不同用户的年龄、身份进行垂直内容细分创作，因此与其他营销方式相比，利用短视频营销可以更加准确地找到目标用户，实现精准营销。目前，大多数短视频平台已经植入广告，用户在看短视频的同时会看到广告；而且在一些短视频中会插入商品购买链接，方便用户在观看短视频的同时购买自己所需要的商品，进行变现，从而达到良好的营销效果。

1.1.3　短视频的类型

短视频类型多种多样，主要有以下类型。

◉ 搞笑类

搞笑类短视频无论在哪个短视频平台都非常受欢迎。除了纯搞笑的短视频外，搞笑吐槽类和情景剧类短视频也赢得了大众的喜爱。搞笑吐槽类短视频主要结合社会热点话题，反映社会问题，能够引起大众的共鸣，为观众带来乐趣，如"papi酱"是在这一类视频中比较成功的博主，其部分作品截图如图1-5所示。情景剧类短视频则通过融入一定的故事情节（通常运用剧情反转）吸引用户，

图 1-5

图 1-6

如"陈翔六点半"是在这一类视频中比较成功的博主，其部分作品截图如图1-6所示。搞笑类短视频可以给观众带来极大的乐趣，帮助观众释放压力、舒缓心情。

◉ 街访类

街访类短视频通常选择人们比较关心的话题，让路人就相关问题进行回答。这类视频一般有两种形式：一种是上一个被采访者回答完问题后，再提出一个问题让下一个人继续回答；另一种是所有被采访者都回答同一个问题。街访类短视频的亮点在于路人的表现以及问

题的话题性，如"拜托啦学妹""暴走街拍"是在这一类视频中比较成功的博主，其部分作品截图如图1-7所示。

影视解说类

影视解说类短视频的博主声音具有一定的辨识度和特色，解说素材一般为当下热门或者经典的电影、电视剧。这类短视频博主通过幽默的语言和剪辑后的剧情对素材内容进行介绍，帮助网友"排雷"或者为网友"种草"，推荐优秀的影视作品，如"毒舌电影""low君"是这一类视频中比较成功的博主，其作品截图如图1-8所示。

图 1-7　　　　　　　　　　　　图 1-8

美食类

美食承载着人们的情感，在我们的生活中占据着非常重要的位置。优质的美食类短视频不仅向观众展示做美食的方法，还传递创作者对生活的态度、热情。无论是爱好美食的用户，还是不会做饭的厨房新手，都会被美食类短视频吸引。在这一类视频中比较成功的博主有"李子柒""蜀中桃子姐""浪胃仙"，其作品截图如图1-9所示。

图 1-9

美妆类

美妆类短视频主要针对时尚、年轻、追求美的女性群体，她们通过观看美妆"达人"的短视频"种草"适合自己的化妆品和化妆技巧，让自己变得更美。各大短视频平台涌现了大量的美妆博主，有以"李佳琦 Austin"为代表的美妆测评类博主，以"叶公子"为代表的美妆剧情类博主，还有以"Pony 朴惠敏"为代表的美妆教程类博主等，其作品截图如图 1-10 所示。

图 1-10

实用技能类

在短短几分钟内就可以学到一个生活小技巧，是很多用户喜闻乐见的，因此实用技能类短视频在各个短视频平台非常受欢迎。实用技能类短视频不同于其他类型的短视频，既要讲究方法的实用性，又要追求制作的趣味性，以吸引用户关注，让用户在获得技能的同时还能体会到生活中的乐趣。这一类视频中，比较成功的博主有介绍 Photoshop 软件技巧的"赵琪琪爱 ps"、介绍生活技巧的"每日妙招"等，其作品截图如图 1-11 所示。

除了以上几种类型之外，短视频还有很多类型，如服装店铺测评类、适合文艺青年的变装类等。

短视频按照生产方式可以分为 UGC、PGC、PUGC 三种。

图 1-11

⭕ UGC

用户生成内容（User-Generated Content，UGC）即由平台普通用户自主创作并上传短视频。UGC 制作简单，成本很低，普通用户即可制作，因此制作门槛比较低，用户基数很大，具有很强的社交属性，但商业价值较低。

⭕ PGC

专业生成内容（Professional-Generated Content，PGC）即由专业机构创作并上传短视频，如电视节目和纸媒等专业内容。PGC 通常独立于短视频，其通过互联网传播，制作成本较高，专业技术要求高，具有很高的商业价值，主要靠内容盈利，具有很强的媒体属性。

⭕ PUGC

专业用户生成内容（Professional User Generated Content，PUGC）是指在移动音视频行业中，将 UGC+PGC 相结合的内容生产模式。PUGC 结合了 UGC 的广度和 PGC 的深度，其制作成本较低，有粉丝基础，商业价值较高，主要靠流量盈利，具有社交和媒体双重属性。

1.1.4 优质短视频具备的元素

要想制作一个优质的短视频，我们需要知道优质短视频具备的元素。一般来说，优质短视频包括五个元素，下面将分别介绍。

1. 标题创意有亮点

俗话说"题好一半文"，标题占据了文章一半的价值。目前，大多数平台主要通过计算机算法对短视频内容进行推荐，即机器从标题中提取分类关键词进行推荐。在推荐算法机制中，用户每天都会收到数以万计的标签化推荐信息，想要让自己的短视频在信息洪流中脱颖而出，标题就显得尤为重要。因此，我们在取标题的时候，一定要想清楚短视频内容为用户解决的是什么问题，做到具体、精确，直击用户痛点。另外，视频的标题还有两个核心作用，这也是我们写标题时重点参考的方向：

① 给用户看——让看到的用户点击视频；

② 给平台看——获得平台更多精准推荐。

⭕ 给用户看

标题除了简单的叙事、概括视频内容主旨，还可以设置提问或反问、结合热点，使用其他有引导作用的词语等，来引导用户留言、点赞等，从而提高视频被推荐的概率。这样的标题可以给用户提供有价值的信息，让用户在点击后有所收获，即在很短的时间内学到很实用的技能，如"三步学会×××""三分钟学会×××"等，如图 1-12 所示。这类标题将用户的投入产出比量化，还可以结合热点、设置悬念等吸引用户参与互动。

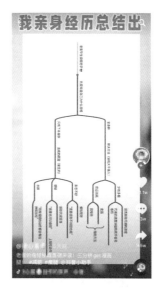

图 1-12

给平台看

以抖音短视频平台为例，其推荐机制是"机器审核＋人工审核"，所以标题首先给机器看，命中标签的概率越高，获得的推荐也会越多。在写标题的时候，根据自己定位的领域，布局一些常见的行业关键词。例如，定位于护肤的账号，可以多在标题里使用"护肤""彩妆""口红"等专属领域的词汇；定位于母婴的账号，可以多在标题里使用"宝宝""儿歌""玩具"等专属领域的词汇。这样做会让机器觉得账号属于某一个垂直领域，然后将视频推荐给对该领域感兴趣的人，使得推荐更加精准，达到营销目的。建议大家平时有意识地搜集一些自己领域的专属词汇。

其他注意事项

（1）避免词汇太专业、冷门、生僻。这样会导致覆盖人群太少，不利于机器识别，可能只有行业内专业人士能看懂，即使标题起得很好，但点击量会很少，降低机器推荐的概率。

（2）善于抛出开放式话题，有意识引导用户留言互动。如果标题平淡，虽然机器能够识别，但是推荐之后，无法吸引潜在用户点击，机器认为用户不喜欢该视频，会降低推荐的概率。

（3）标题字数不要太多。标题字数在15～20字为宜，不超过55个字，展现在手机上为1～2.5行。字数太多，一方面会影响视觉体验，文字挤在一起，不方便用户第一时间获取重要信息；另一方面抖音的视频展现方式类似于信息流的形式，用户会马上划过不感兴趣的内容，来不及细看字数多的标题信息。所以，如果不能在2秒之内用标题吸引用户，这个标题就是失败的。

（4）添加热门话题标签，@好友或者官方小助手，也能够在一定程度上增加内容被曝光的机会。

（5）适当采用口语化表达。

（6）尝试多样性句式。除陈述句式外，多尝试疑问、反问、感叹、设问等句式，引发用户思考，增强代入感。

（7）合理断句。通常来讲，三段式标题居多，其有三点好处：① 用户易于理解，减少阅读负担；② 承载更多内容；③ 层层递进，表述更为清晰。

2. 内容有价值、趣味性

当用户被标题吸引点开短视频之后，下一步便要让用户看完短视频。这就要求短视频内容能够给用户提供价值，使用户能从中获取有用的内容；或者富有趣味性，使用户从中获得乐趣，心情愉悦。例如，在 2019 年金秒奖春夏赛季获得"最佳短视频"奖的《今天和消防战士们一起训练一波，走着。》中，用 56 秒讲述了消防员从训练集合口哨声响起到参与救援演练的全过程（见图 1-13），让不了解消防员日常训练的用户了解了消防员平时训练的过程，短视频整体内容、立意俱佳。

图 1-13

3. 画质清晰

视频画质是否清晰会影响用户的观看体验。短视频即使内容优质，但本身画质不清晰，也会被用户关掉。目前，手机和单反 / 微单相机不断推出新品，镜头性能不断提升，拍摄的视频画质也越来越清晰，很多受欢迎的短视频的画质越来越接近电影，清晰度很高。

4. 把控好背景音乐的节奏

短视频本身就是视听结合的内容形式，背景音乐作为短视频的重要组成部分，能够更好地传递画面内容和意境，因此音乐风格和短视频内容要相符，尽量把动作放在音乐节奏的重音上，使短视频看起来协调又有重点。在短视频创作初期，我们可以多看一些优秀的短视频作品，这些短视频背景音乐的节奏把握得很好，值得借鉴和学习。

5. 多维度打磨

优质的短视频在构思、表演、拍摄、剪辑和后期加工等过程中经过了多方面的打磨，通常是一个团队的互相配合，而不是一个人的单打独斗。在短视频层出不穷的当下，构思巧妙、制作精良的优质短视频更容易获得大众的喜爱。

1.2　短视频的主要平台

目前，主流的短视频平台有抖音、快手、西瓜视频和淘宝卖家秀等。下面让我们一起来认识这 4 个平台。

1.2.1　抖音

抖音隶属于北京字节跳动科技有限公司，是一款于 2016 年 9 月上线的音乐创意短视频社交软件。用户可以通过抖音拍摄短视频作品并上传，让其他用户看到，同时，也可以看到其他用户的作品。

在抖音上线初期，其重点是打磨产品，不断优化产品性能和体验，初步寻求市场，这为后期用户爆发式增长打下了基础。

2017 年 3 月，某知名演员转发了一条带有抖音水印短视频的微博，让抖音第一次大规模传播，自此进入了快速增长期，此阶段的重点在推广运营上。由于艺人自带流量，抖音便利用"明星效应"，邀请艺人入驻抖音，并投资多项综艺节目，如《快乐大本营》《天天向上》《中国有嘻哈》等，不断扩大知名度；同时，抖音持续优化产品功能，提升用户体验。2017 年 8 月，抖音国际版"Tik Tok"上线。2017 年 11 月，今日头条收购北美音乐短视频社交平台"Musical.ly"，与抖音合并。

2018 年春节期间，抖音迅速在全国流行。QuestMobile 的数据显示，2018 年春节期间，抖音增长了近 3000 万日活跃用户（Daily Active User，DAU），超越了西瓜视频和火山小视频，最高日活跃用户数达到 6646 万，在短视频领域具备了一定的潜力与竞争力。2018 年 3 月，抖音将原来的标语"让崇拜从这里开始"更改为"记录美好生活"。随后，抖音与淘宝合作，用户可以在抖音上直播带货。2018 年 6 月，抖音短视频日活跃用户数超过 1.5 亿，月活跃用户数超过 3 亿。

2020 年 1 月，抖音与火山小视频进行品牌整合升级，火山小视频更名为抖音火山版，并启用全新图标。截至 2020 年 8 月，抖音日活跃用户数已破 6 亿，进入稳定增长阶段。如今，为了满足用户多种生活场景的需要，抖音先后推出并完善了直播、社交、电商和搜索等用户服务场景，丰富了人们的日常生活。

打开抖音之后默认进入的是"推荐"页面，只需用手指在屏幕上往上滑，就可以播放下一条视频，内容随机，具有不确定性，更加吸引用户观看，打造沉浸式的体验。抖音能够通过用户看过的视频内容和形式，利用算法构建用户画像，为用户推荐其感兴趣的内容。

1.2.2　快手

快手是北京快手科技有限公司旗下的产品。2011 年 3 月，GIF 快手诞生，这是一款用来制作和分享 GIF 动图的手机应用；2012 年 11 月，快手从纯粹的工具应用转型为短视频社区应用，用于用户记录和分享生活。

2014年11月，快手完成品牌升级，去掉"GIF"，正式更名为"快手"。随着智能手机的普及和移动流量成本的下降，快手在2015年以后得到快速发展，拓展市场。2016年，快手增加直播功能，逐渐演变成"短视频＋直播"的双内容平台，这一调整也让快手得到进一步发展。

截至2020年年初，快手日活跃用户数超过3亿，库存短视频数量超过200亿条；截至2020年8月，直播日活跃用户数为1.7亿，电商日活跃用户数为1亿。2020年8月，快手正式收购YTG电竞战队，进军王者荣耀职业联赛。2020年9月，快手进行品牌升级，发布全新标语"拥抱每一种生活"。

快手面向的群体大多是三、四线城市用户以及广大的农村用户。在过去，很少有人会关注这些群体，快手给了他们表达自己的机会。近几年，快手也在内容审核和算法上进行了优化，没有采取以艺人为中心的策略，也没有将资源向粉丝较多的用户倾斜，而是致力于让每一个用户获得平等的发布短视频的机会。只要用户在快手上发布短视频，就有可能在"发现"页面获得展示的机会。快手首页的"发现"板块会展示四个短视频封面，用户可以点击自己感兴趣的短视频进行观看。

1.2.3 西瓜视频

西瓜视频是北京字节跳动科技有限公司旗下的一款个性化推荐短视频平台。2016年5月，西瓜视频前身头条视频上线，而后宣布投入10亿元扶持短视频创作者。2017年6月，其用户量破1亿，日活跃用户数破1000万，头条视频改名为西瓜视频。2018年2月，西瓜视频累计用户人数超过3亿，日均使用时长超过70分钟，日均播放量超过40亿人次。

在短视频领域，如果说抖音和快手争夺的是竖屏市场，那西瓜视频争夺的便是横屏市场。横版短视频仍然有市场，主要有两点原因：一是因为许多专业制作团队仍然采取横版构图，从拍摄工具到镜头语言有着一套非常成熟的制作流程；二是横版短视频在题材范围、表现方式和叙事能力等方面比竖版短视频更有优势。

为提升用户观看横版短视频的体验，西瓜视频上线了横屏沉浸流功能，即在横版短视频全屏观看状态下，可通过上下滑动屏幕切换视频。

1.2.4 淘宝卖家秀

淘宝由阿里巴巴集团于2003年5月创立，拥有近5亿的注册用户数，每天有超过6000万的固定访客量，同时每天的在线商品数已经超过了8亿件，平均每分钟售出4.8万件商品。淘宝卖家秀是淘宝卖家为了让用户更直观地了解产品而展现自己产品的一种方式。随着短视频的发展，淘宝卖家秀从只有图片展示逐渐发展为更全面的短视频形式，让用户能更好地了解产品，促成交易。

目前，淘宝不仅在"宝贝"页面开通了短视频功能，部分公域渠道也开通了短视频功能。卖家只要有优质的内容，就有机会通过各个公域渠道展示商品。优质的短视频内容再将流量引导回店铺，免费获得来自淘宝公域渠道的巨大流量。淘宝的公开信息显示，到2018年8

月，平台日均短视频的播放量达到了 19 亿人次。短视频已经覆盖了用户逛淘宝时的所有路径。淘宝卖家秀如图 1-14 所示。

图 1-14

1.3　短视频的制作流程

随着短视频领域商业变现模式的明朗化，短视频初具规模，吸引了越来越多的个人和团队争相进入短视频制作领域。那么制作一个短视频要经过哪些流程呢？下面简单介绍一下。

1.3.1　前期准备

工欲善其事，必先利其器，在拍摄、制作短视频之前，我们需要明确短视频的用户定位、策划选题内容，然后根据拍摄目的和资金等实际情况准备拍摄设备、组建制作团队等。

1. 准备拍摄设备

要拍摄短视频，拍摄设备是必备的。常见的短视频拍摄设备有手机、单反 / 微单相机、摄像机等，可根据资金预算选择适合的设备。

为了保证所拍摄视频的稳定性，我们还需要准备一些稳定设备，如三脚架、手持云台等。

收声设备是最容易被忽略的短视频拍摄设备，但短视频是"图像 + 声音"的形式，所以收声设备非常重要。收声仅依靠机内话筒是远远不够的，因此我们需要外置话筒，便于收声，增强音效，让声音效果听起来更好。

灯光设备对于短视频拍摄同样非常重要，因为以人物为主体的短视频拍摄，很多时候都需要用到灯光设备。灯光设备并不算日常视频录制的必备器材，但是如果我们想要获得更好的视频画质，灯光设备是必不可少的。常见的灯光设备有补光灯、柔光板、柔光箱、反光板等。

2. 组建制作团队

短视频领域的竞争越来越激烈，要想脱颖而出，其制作要更专业化。而专业化的制作靠一个人单打独斗是很难实现的，因此我们需要团队的力量，组建一个优秀的短视频制作团队。

◎ 编导

编导在整个拍摄制作过程中起到了非常重要的作用，是整个团队的负责人。首先，编导需要根据短视频的特征确定短视频的风格以及创作内容的方向，具体工作包括选题的选择、构思、确定拍摄方案，脚本创作。其次，现场拍摄时，编导要进行场面调度、安排或指挥拍摄等工作，有时候编导还要身兼摄像、演员等角色。最后，编导要对文字稿进行审查、修改，向剪辑师阐明自己的创作构思和要求，指导短视频剪辑等。这要求编导要具有良好的文字表达能力、独立判断能力等。

◎ 摄像师

拥有一名优秀的摄像师意味着短视频成功了一半。首先，摄像师需要根据脚本内容通过镜头把想要表达的内容表现出来。其次，摄像师应具备基本的拍摄技术，掌握镜头推拉技巧、跟镜头技巧、旋转技巧、甩镜头技巧、镜头升降技巧、晃动镜头技巧等。最后，因为剪辑师非常依赖摄像师的拍摄素材，所以如果摄像师具备一定的剪辑能力，就能有针对性地进行拍摄。因此摄像师在拍摄的时候要善于沟通、善于观察，具有应变能力。

◎ 剪辑师

摄像师在拍摄完短视频素材后会将其交给剪辑师，剪辑师将其进一步整理，舍弃一些不必要的素材，将留下的部分用后期软件加以处理，剪辑成一个内容完整的短视频。剪辑师需要具备清晰的逻辑思维能力，对素材进行取舍，取其精华、去其糟粕；还要在众多镜头中找到剪辑的切入点，从而形成剪辑的旋律感，一般是在短视频的高潮或温馨时刻加入一段符合情景的音乐，这不仅增强了画面的感染力，还使画面的衔接更加自然。

◎ 运营人员

短视频制作完成后，接下来的工作就是考虑如何将其成功地推广出去，这便需要运营人员。运营人员必须具备良好的沟通能力和写作能力，良好的沟通能力可以保证其与短视频用户的顺利交流，而良好的写作能力则是在各大短视频投放平台上推广自己团队作品的有力武器。

现在各种类型的短视频层出不穷，想要在其中谋得一席之地必须要有吸引观众的文案。好的文案不仅要求运营人员具备良好的写作能力，同时还要求其对自身作品与目标群体的需求有足够的了解。理解短视频作品的内容是进行正确推广的基本要求，只有做到这一点才能保证吸引来的观众大多符合短视频定位。不同平台上的目标群体想要看的内容有所差异，运营人员需要抓住不同平台用户的特点为其量身打造文案，只有这样才能最大限度地吸引粉丝。

◉ 演员

根据短视频账号的定位和内容形式，需要的演员类型各不相同，颜值高不一定是加分项。对于有故事情节的短视频，演员的表现力和演技才是最重要的；脱口秀类型的短视频，需要演员的表情、动作夸张，能够惟妙惟肖地诠释台词；美食类和生活技能类等的短视频，重点在于介绍物品，对于演员演技没有太高的要求。

1.3.2　策划、拍摄和后期剪辑

前期准备工作完成后，接下来便正式进入短视频策划、拍摄和后期剪辑的流程。

1-2　策划、拍摄和后期剪辑

1. 短视频策划

拍摄前需要按照表 1-1 所示做好短视频的策划工作。

▼ 表 1-1　短视频策划的步骤及其具体内容

步骤	任务	具体内容
第 1 步	构建用户画像	做好用户定位，明确短视频的用户群体，如上班族还是学生、男士还是女士
第 2 步	针对目标用户进行选题	选择适合目标用户的短视频主题
第 3 步	进行内容策划	编写吸引眼球的短视频文案和脚本，清晰地展现短视频所要传达的内容，即明确想向用户传递什么信息

第 3 步里的脚本是接下来拍摄视频的依据，参与视频拍摄和剪辑的人员的行为，画面中在什么时间、地点出现什么内容，镜头的运用，景别，景深等都要服从脚本。脚本分为拍摄提纲、文学脚本和分镜头脚本三种类型。下面分别介绍这三种类型的脚本。

◉ 拍摄提纲

拍摄提纲是为拍摄一个短视频或某些场面而制订的拍摄要点，其为短视频搭建基本框架，只对拍摄内容起提示作用，比较适用于存在不稳定因素的拍摄内容，如新闻类、故事类短视频。

◉ 文学脚本

文学脚本基本上列出了所有可控因素以及拍摄思路，仅安排人物角色需要执行的内容，并没有明确地指出每个镜头所需时间、运用的景别和背景音乐等，适用于不需要情节、直接展现画面的短视频，如教学类短视频等。

◉ 分镜头脚本

分镜头脚本是将文字转换成立体视听形象的中间媒介，将文学脚本的画面内容加工成一个个形象具体的、可供拍摄的画面镜头，并按顺序列出镜头的镜号。需确定每个镜头的景别，如远、全、中、近、特等，并将其排列组成镜头组，说明镜头组接的技巧。同时要用精练、具体的语言描述要表现的画面内容，必要时借助图形、符号表达。此外，应设计相应镜头组或段落的音乐与音响效果。分镜头脚本的具体形式如表 1-2 所示。

▼ 表 1-2　分镜头脚本的具体形式

镜号	景别	拍摄方法	时间（s）	画面内容	解说词	音乐	备注

2. 短视频拍摄

前期准备和策划都完成之后，就可以开始拍摄工作了。首先，摄像师需要了解不同的拍摄器材，便于在拍摄不同形式的短视频时，可以挑选出最适合拍摄当前短视频的设备。此外，摄像师还需要掌握拍摄的方法和技巧，如景别、景深的运用，拍摄角度的设计和构图的选择等。

3. 短视频后期剪辑

短视频拍摄完成之后，需要进行后期剪辑。剪辑师除了需要熟练使用剪辑软件（如移动端的剪映 App、InShot App 等，PC 端的 Premiere 等）之外，还需要掌握一些剪辑技巧，如在剪辑时要突出重点、不拖沓，背景音乐与画面相结合等。短视频时长虽短，但也有节奏感，为把控短视频的画面节奏，一般通过与背景音乐相结合的方式进行剪辑。

1.3.3　短视频的发布

短视频在制作完成之后就要进行发布。在发布阶段，短视频创作者要做的工作主要包括发布渠道选择、渠道短视频数据监测和发布渠道优化。只有做好这些工作，短视频才能在最短的时间内打入新媒体营销市场，吸引粉丝，提高创作者的知名度。

本章习题

一、填空题

1. UGC（User Generated Content）即_____，由平台普通用户自主创作并上传短视频。

2. _____即专业生成内容，由专业机构创作并上传短视频。

3. _____是将文字转换成立体视听形象的中间媒介，将文学脚本的画面内容加工成一个个形象具体的、可供拍摄的画面镜头，并按顺序列出镜头的镜号。

4. 短视频按照生产方式可以分为_____、_____和_____三种。

二、选择题

1．关于短视频的概述，错误的是（　　　　）。

A．2012 年制作分享 GIF 动图的工具 "GIF 快手" 上线并从工具应用转型为短视频平台

B．2013 年微博秒拍和腾讯微视等短视频平台上线，将短视频推上了新的台阶

C．2014 年美拍的上线和 2015 年小咖秀的上线，使短视频布局形成了 "百家争鸣" 的局面

D．2016 年，抖音、梨视频和火山小视频上线

2．关于短视频标题的注意事项，错误的是（　　　　）。

A．避免词汇太专业、冷门、生僻

B．标题字数越多越好

C．添加热门话题标签，@ 好友或者官方小助手，也能够在一定程度上增加内容被曝光的机会

D．尝试多样性句式

3．下列属于 PGC 的是（　　　　）。

A．网易云音乐用户评论

B．KOL（关键意见领袖）发布的内容

C．"网红" 发布的内容

D．《新京报》发布的新媒体文章

4．下列不属于剪辑软件的是（　　　　）。

A．剪映 App

B．InShot App

C．Photoshop

D．Premiere

三、简答题

1．简述短视频的特征和优势。

2．简述优质的短视频包含的五种元素。

3．列举三种短视频的类型。

第2章

短视频的策划

一个优质的短视频账号应该明确目标用户,精准确定用户的需求,持续不断地输出优质内容,并找到合适的短视频展现形式,从而打造出高质量的短视频内容。

关于本章知识,本书配套的教学资源可在人邮教育社区下载使用,教学视频可直接扫描书中二维码观看。

2.1　短视频的用户定位

不同的短视频账号针对的目标用户是不同的，美食、美妆、游戏、旅游和萌宠等各垂直领域都有自己的受众群体。短视频创作者要想获得成功，就不要想着吸引所有用户的目光，而是要确定目标用户，了解目标用户的偏好，挖掘其需求，从而实现精准定位。

2.1.1　用户信息数据分类

进行短视频用户定位、构建用户画像的第一步是对用户信息数据进行分类。用户信息数据分为静态信息数据和动态信息数据两大类，如图 2-1 所示。

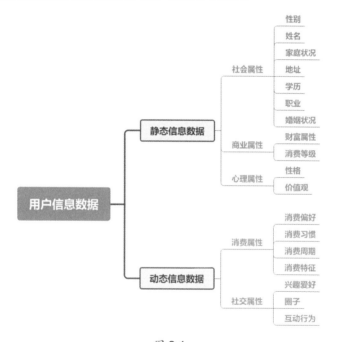

图 2-1

静态信息数据是进行用户定位、构建用户画像的基本框架，展现的是用户的固有属性，一般包含社会属性、商业属性和心理属性等信息。这些信息一般无法穷尽，只要选取符合需求的即可。

动态信息数据是指用户的网络行为数据，如消费属性和社交属性等。在选择这类信息时，也要符合短视频的内容定位。

2.1.2　获取用户信息

要想获取用户信息数据，短视频创作者需要对数以千计的样本数据进行统计和分析。由于用户的基本信息重合度高，为了节省时间和精力，可以通过相关网站分析竞品账号数据来获取用户的静态信息数据。

推荐通过卡思数据来获取用户的静态信息数据，该网站是国内领先的视频全网大数据开放平台，提供全方位的数据查询、用户画像和视频监测服务，从而为短视频创作者在内容创作和用户运营方面提供数据支持。下面以抖音搞笑类短视频为例，介绍如何通过分析竞品账号数据来获取用户的静态信息数据。

打开卡思数据网站，首页根据不同平台分为抖音版、快手版和B站版。单击"抖音版"，可以看到根据视频内容分为"小哥哥""小姐姐""明星""萌娃""搞笑""美妆"等类别；单击"搞笑"，可以看到搞笑类博主榜单，如图2-2所示。

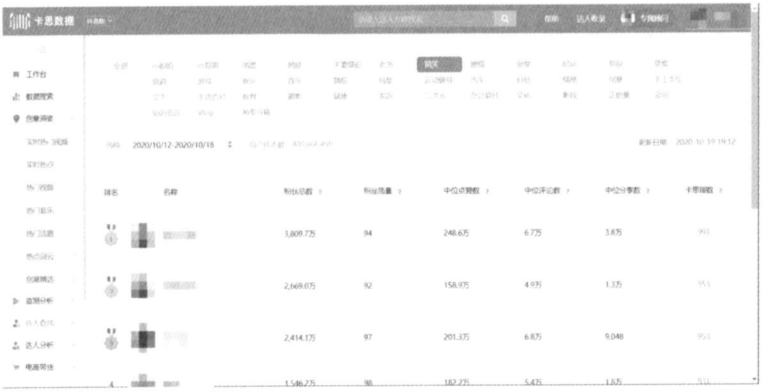

图 2-2

经过筛选后，短视频创作者可以选择与自身账号内容表现形式比较接近的账号。单击相应账号后会看到"数据概览""粉丝画像""作品列表""带货分析"四类数据，如图2-3所示。单击"粉丝画像"即可查看基本的静态数据，如性别分布、年龄分布、省份分布和粉丝活跃时间分布等。

图 2-3

选取两个与自己的账号定位相似的账号，进行数据统计并进行分类后，基本可以获得本账号用户画像的静态信息数据，如图2-4所示。

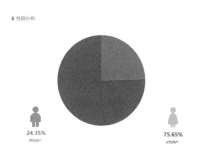

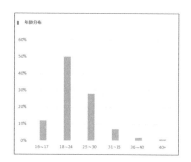

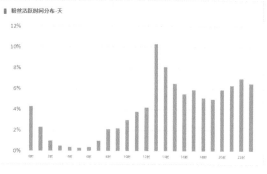

图 2-4

　　用户静态信息数据除了可以使用卡思数据收集外，也可以使用新抖、飞瓜等数据平台进行收集。

　　用户动态信息数据的获取则更多的是通过问卷调查、用户深度访谈等方式获得。

2.1.3　确定使用场景

　　如果只了解用户信息数据，短视频创作者还不能形成对用户的全面了解，应该将用户信息融入一定场景，才能更加具体地体会用户的真实感受，还原用户形象。想要确定用户的使用场景，可以使用经典的"5W1H"法，如表 2-1 所示。

▼ 表 2-1　"5W1H"法

要素	含义
Who	短视频用户
When	观看短视频的时间
Where	观看短视频的地点
What	观看什么样的短视频
Why	某项行为背后的动机，如点赞、关注和评论等
How	与用户的动态和静态场景相结合，洞察用户使用的具体场景

2.1.4 设计使用模板

短视频创作者要提前准备好沟通模板，防止调查访问时由于措辞不当或者提问顺序的变化而对用户造成影响，导致研究结论出现偏差。短视频创作者的沟通模板要按照用户的动态信息数据和用户使用场景来设计，具体的设计要依据自身想要获取的信息来进行。以搞笑类短视频为例，动态场景使用模板如表 2-2 所示。

▼ 表 2-2　动态场景使用模板

问题	调研内容
常用的短视频平台	
使用频率	
活跃时段	
周活跃时长	
使用的地点	
感兴趣的搞笑话题	
什么情况下关注账号	
什么情况下点赞	
什么情况下评论	
什么情况下取消关注	
用户的其他特征	

在进行调查访问时，用户如被问到对某条短视频的感受或者为何关注某个短视频账号，很可能无法说出对短视频创作者有价值的答案。因此，短视频创作者要学会充当引导者和倾听者的角色，在用户讲述时一步步引导用户并在用户回答时认真倾听，了解他们在做出某个决定时的心态，找到用户点赞、评论短视频和关注短视频账号的原因。

2.1.5 形成用户画像

将以上静态信息数据和动态使用场景整合后，就勾画出大概的搞笑类短视频账号的用户画像，具体如下。

性别：女性占比为 70% ～ 80%，男性占比较少。

年龄：16 ～ 17 岁用户占比约为 12%，18 ～ 24 岁用户占比为 50%，25 ～ 30 岁用户占比约为 28%，30 岁以上用户占比约为 10%。

地域：北京、上海、广东、浙江的用户占比最高。

婚姻状况：未婚者占绝大多数。

最常使用的短视频平台：抖音。

使用频率：一天 3 ～ 4 次。

活跃时段：7～9点、12～13点、19～21点。

使用地点：家、公司、学校。

感兴趣的搞笑话题：推送到首页的各类搞笑短视频。

什么情况下关注账号：账号持续输出优质内容时。

什么情况下点赞：内容搞笑且不低俗。

什么情况下评论：内容引起共鸣。

什么情况下取消关注：内容质量下滑，账号停更。

用户其他特征：喜欢新鲜事物，生活压力大。

2.2　短视频的选题策划

在做好用户定位的基础上，策划短视频选题尤为重要，如同写文章一样，"主题"会影响短视频的打开率和阅读率。确定目标用户后，围绕目标用户关注的话题，发散思维，迅速找到更多的内容方向，有针对性地实现精准信息的传达和转化。

2.2.1　选题策划的五个维度

很多短视频创作者在初期不知道从何入手，没有选题思路。这种情况下，我们可以从"人、具、粮、法、环"这五个维度来寻找，具体如表2-3所示。

▼ 表 2-3　选题策划的五个维度

维度	具体说明
人	指人物，即拍摄的主角是谁、是什么身份、有什么基本属性、属于什么社会群体等，可以根据年龄、身份、职业和兴趣爱好等划分
具	指工具和设备，即拍摄主体需要的工具和设备。如拍摄主体为一名大学生，需要用到书包、课本、笔等，这些都是需要的工具和设备
粮	指精神食粮，如图书、电影、电视剧、音乐等。将这些分析透彻之后才能了解用户需求，从而有针对性地制作出满足用户需求的短视频
法	指方式方法，如大学生学习的方法，跟老师、同学交流的方法
环	指环境，短视频剧情内容不同，需要的环境也不相同。要根据剧情选择能够满足拍摄要求的环境，如学校、办公室、餐厅等

只要围绕以上五个维度进行梳理，就可以做出二级、三级，甚至更多层级的选题树，层级越多，拍摄的思路越丰富。下面以一位喜欢美妆类短视频的女性为例，做出的选题树如图2-5所示。

需要注意的是，制作并拓展选题树并不是一朝一夕的事情，需要日积月累，这样选题树延展出来的选题内容才会越来越多。

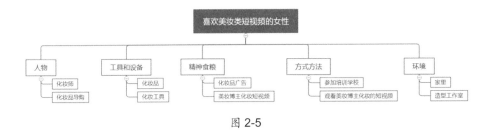

图 2-5

2.2.2 选题策划的基本原则

不管短视频的选题内容是什么，都要遵循一定的基本原则，并落实到短视频创作中。下面介绍选题策划的几个基本原则。

1. 以用户为中心

关于选题首先要注意的是，选题内容要以用户的需求为前提，不能脱离用户。想要短视频有较高的播放量，必须要考虑用户的喜好、痛点和需求，越是贴近用户的内容越能够得到他们的认可，从而使短视频获得较高的关注度和播放量。

2. 注重价值输出

选题内容一定要有价值，要向用户输出干货，使用户看了之后有收获。选题内容要有创意，从而激发用户点赞、评论和转发等，让用户主动分享，扩散传播，从而达到裂变传播的效果。

3. 保证内容的垂直度

在确定进入某一领域之后，就不要再轻易更换了。短视频创作者需要在所选领域中做到垂直细分，提高其在专业领域的影响力。如果选题内容变来变去，会导致短视频内容垂直度不够、用户不精准。因此，短视频创作者要在所选领域长期输出优质内容，保证内容的垂直度。

4. 选题内容紧跟行业或网络热点

在选题内容上，要紧跟行业或者网络热点，这样才能使短视频在短时间内得到大量的曝光，从而快速增加短视频的播放量，吸引用户关注、增加粉丝。因此，短视频创作者要关注热门事件，善于捕捉热点、解释热点。但也并非所有的热点都可以紧跟，如涉及时政、军事等领域，若跟进不恰当的热点，会有违规甚至被封号的风险。

5. 远离平台敏感词汇

当前，有关部门正在加强对短视频平台的管理，不断出台相关法律法规文件，而且每个短视频平台都对敏感词汇做出了规定。因此，短视频创作者要了解并遵循相关法律法规，不要为了博眼球而使用夸张或者敏感词汇，避免出现违规情况。

6. 增强用户互动性

在策划短视频选题时，可以结合热点事件，多选择一些互动性强的话题，如在有关端午节的短视频中，可以问大家喜欢吃什么馅的粽子、喜欢吃甜粽子还是咸粽子等，这样就可以引导用户留言，增强互动。在短视频中也可以穿插一些话题，引起大家讨论，从而吸引用户评论。

2.2.3　获取选题素材的渠道

要想持续输出优质内容，保证短视频账号的正常运营，需要短视频创作者进行素材储备，建立选题库。素材指的是短视频创作者从现实生活中搜集到的、未经整理加工的、感性的、分散的原始材料。如果短视频创作者拥有丰富的素材储备，加上自身的创作灵感，再结合网络热点，就可以快速创作出优质的短视频。

获取短视频素材的渠道有很多，主要有以下渠道。

1. 个人生活体验

艺术来源于生活，日常生活中的个人经历、学习等都可以是选题素材。短视频创作者可以通过留意家人朋友的经历、段子、突发事件和社会热点等丰富素材库。短视频创作者还需要多体验生活，多交朋友，从别人口中获得素材。有条件的短视频创作者可以多出去旅游，了解不同地区的风土人情、生活百态，这也是获取素材的渠道。

2. 观看影视作品

短视频创作者可以通过观看影视剧，尤其是经典影视剧的台词和桥段，将其进行剪辑并加上自己的理解和看法，作为短视频内容素材。这样不仅能收集到素材，还可以学习优秀影视剧讲故事的方法、剪辑的节奏和技巧。

3. 阅读书籍

书籍不仅包括文学作品，还有报纸、杂志等。书籍里面的故事也是素材之一。

4. 分析同领域短视频创作者的选题

短视频创作者可以分析相同领域短视频创作者的选题，并进行整合，从而获得灵感和思路，拓宽选题范围。短视频创作者可以通过卡思数据网站，获取同领域其他短视频创作者的账号数据。

5. 互联网平台

短视频创作者可以从各大咨询网站、社交平台热门榜单中搜索热点，如微博热搜、抖音热点和百度风云榜等，如图 2-6 所示。

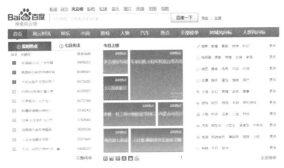

图 2-6

2.2.4 切入选题的方法

确定选题以后，短视频创作者可能会发现该选题与同领域很多账号中的内容相似。对于相似的选题，用户都有喜新厌旧的心理，喜欢才出现的新颖内容，但看多了也会产生审美疲劳。因此为了避免内容同质化，短视频创作者可以选择不同的切入点，让用户获得新鲜感，这样才有可能制造话题。

当对同领域其他账号的研究足够细致、深入时，就会对其经常采用的短视频形式了如指掌，这时我们便可以找到与其不同的切入点。在切入选题时，还要注意以下几点。

1. 有效整合各种物质要素

制作短视频需要资源方面的支持，如人力、物力、财力等，将这些资源有效整合，可以为短视频创作过程提供极大的便利。

2. 以兴趣为支撑

兴趣是最好的老师，如果短视频创作者对某一领域有着浓厚的兴趣和热情，就可以支撑其在这个领域深耕，持续产出优质内容，并深化内容。但是只有兴趣是不够的，短视频创作者还需要有专业能力，这样才能保证制作的短视频内容专业、优质。

3. 及时调整选题

万事开头难，短视频创作者在刚开始制作短视频时，可能会走一段错误的路。一般来说，短视频创作者要先持续发布作品 10 天以上，密切关注数据变化，衡量短视频制作成本与短视频播放量、账户粉丝量的对比情况，以此来做预估和调整，从而把握账号的走向和市场情况；然后判断是按照既定的选题做下去，还是改变选题方向或者内容形式。

2.3　短视频的内容策划

在"内容为主"的时代，能够真正打动用户的内容才能得到用户的青睐，才属于优质的内容。短视频内容策划要从用户需求出发，用优质的内容来获得用户的信赖和喜爱。要想制作优质的短视频，就要做到深度垂直细分内容，具有个性，保证内容的价值性，为用户提供干货，触动用户痛点，并持续输出内容。

2.3.1　内容的垂直细分

第一财经商业数据中心（CBNData）调查报告显示，垂直化正成为短视频内容生产的趋势。如今短视频已经从之前的"野蛮生长"向精耕细作转变，流于表面的短视频不容易让用户记住，而那些具备垂直度、有深度的短视频内容才会在用户的脑海里留下印象。这种趋势要求短视频创作者专注某一领域深耕细作，凸显自己的特点，提高辨识度，让用户更容易记住。

2-1　内容的
垂直细分

那什么是垂直内容呢？下面来了解一下。

垂直指的是短视频内容和领域是一致的，并且账号一直输出的是同一种内容。如果今天账号输出的是搞笑的段子、明天输出的是美食内容、后天输出的是健身内容，那说明这并不是一个垂直类账号。账号一直输出一个领域的内容才是垂直类账号，吸引关注的用户才会更精准，如图 2-7 所示。

垂直类账号的名称也很重要，可以让用户一眼看出短视频账号的定位。短视频创作者可以直接以自己的名字或者昵称作为账号的名称，如"彭十六 elf""我是田姥姥""叶

图 2-7

公子""一禅小和尚"等；如果不使用名字或者昵称，也可以使用与内容相关的名称，让用户一看就知道短视频账号的内容定位，如"PS 干货""七环房姐""科学旅行号""漫改剪辑师"等。

如何做垂直内容呢？下面来了解一下。

⬤ 确定核心目标用户

做垂直类短视频最常见的方法就是确定核心目标用户。短视频创作者要创作出可以直击目标用户痛点的内容，然后通过持续输出符合其特质的内容来增强目标用户的黏性。例如，美妆类短视频的目标用户是年轻、爱化妆的女性，健身类短视频的目标用户是需要减肥、健身的群体。

⬤ 聚焦主题场景

短视频创作者可以根据主题场景进行纵向挖掘，在内容表达上突出场景化。例如，"办公室小野"聚焦在办公室做美食的场景，如图 2-8 所示；"七点街访"一类的短视频场景则聚焦在街道、马路上，如图 2-9 所示。

⬤ 打造生活方式

想增强用户的黏性，除了要确定核心目标用户并聚焦主题场景之外，短视频创作者还要为用户打造一种理想的、让用户愿意追随的生活方式。例如，"李子柒"的短视频（见图 2-10），有种让人置身于古代田园生活的感觉。在现代社会快节奏的生活中，这种和谐恰恰满足了人们追求传统、回归自然的精神需求。

深度垂直的短视频有何优势呢？

图 2-8

图 2-9

图 2-10

⬤ 收获精准用户

当前，用户对短视频的内容要求越来越高，越来越重视群体归属感和情感认同感，逐渐分化成一个又一个的小圈子。从这个角度看，垂直深耕的短视频更容易收获精准用户，更容易满足用户的娱乐需求、专业知识需求等。

⬤ 长尾效应

从人们需求的角度来看，分布在头部的需求是大多数人都会产生的，而分布在尾部的需求是个性化的、零散的，这部分少量的需求会在需求曲线上形成一条长长的"尾巴"，如图 2-11 所示。长尾效应就是强调"个性化""客户力量""小利润大市场"，将市场细分到很细、很小的时候，就会发现这些细小市场累计带来明显的长尾效应。以图书为例，Barnes & Noble 的上架书目平均为 13 万种，而 Amazon 有超过一半的销售量都来自在它排行榜上 13 万名开外的图书。这个案例说明，短视频创作者要找准垂直领域，细分用户市场，抓住利基市场，做到长线发展。

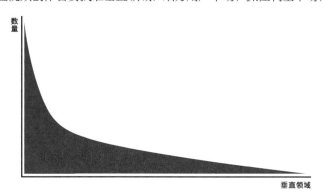

图 2-11

⬤ 易于变现

垂直类的短视频不但内容更加精准，而且还有更大的商业潜力。优秀的垂直领域的创作者能够专心做出优质的内容，展现给用户专业的形象，然后借助现有平台，获得商业利益。例如，某母婴垂直类短视频账号，其中一个推荐奶粉的短视频播放量仅为 10 万次，却产生了 1.5 万元的订单，商业转化率高达 15%；抖音短视频账号"醉鹅娘小酒馆"（见图 2-12），已更新 800 多个酒类短视频，靠着企鹅团大约 6000 位会员的持续消费，年流水超过 2500 万元。

对短视频来说，深度垂直是一个趋势，而细分则是在垂直行业板块中再挑选主要的业务深度发展。细分短视频市场就好比切蛋糕，蛋糕的切割方式有很多种，可以横着切，也可以竖着切，细分短视频市场也一样。例如，服装类是垂直类，女性服装是垂直细分，18 ～ 25 岁的女性就是重度垂直细分。抖音账号"科学钓鱼"（见图 2-13）

图 2-12　　　　　　图 2-13

是一个专门针对钓鱼爱好者做专业鱼竿测评的账号，在抖音上粉丝数较多。据媒体报道，该账号的钓鱼周边小店的年营业收入达到了 100 万元，其中粉丝购买占比 83%。

2.3.2　内容的分类标签

标签（即人设）基本代表了内容的定位，是凸显自己的短视频与其他的短视频与众不同的东西。

在策划短视频内容的过程中，短视频创作者要想方设法地给自己制作的短视频赋予个人特色，并一直保持。这个特色会成为短视频的一个标签，让用户谈论到这个领域的话题时，就会想到自己的短视频，直达粉丝用户群体。

在为短视频内容贴上标签、打造人设的时候，短视频创作者需要注意以下事项。

（1）为短视频内容贴上标签，不是一蹴而就的事情。首先要从自身的兴趣爱好和实际情况出发，然后根据自己的特点和长处筛选特质，打造人设。在此过程中，一定要投入大量的时间，针对每一种可能进行策划和实践，最后用数据来敲定自己与众不同的点，并不断深化，重复记忆点，强化自身标签。

（2）短视频内容只需 1 ～ 2 个标签，不要追求全面。因为短视频时长短，这便决定了其不可能像电影、电视剧那样塑造一个丰富、饱满的形象，而是需要提炼出最有特色的特质，给用户留下深刻印象。

（3）一旦确定了标签，就不要随意更改，这样才能在用户心中形成一个具体、稳定的形象。在紧跟热点事件时，也要先考虑该热点与标签是否相关，不要盲目追求热点。

（4）内容标签的设定要通过在特定的场景中发生的事件来体现。短视频创作者可以通过环境、人物关系等因素来强化内容标签。

（5）在打造标签时，短视频创作者要从用户的角度来审视，要使用户产生强烈的情感共鸣，去掉用户偏好很少甚至排斥的标签，增强短视频内容对用户的吸引力。

2.3.3　内容的价值、意义

优质的短视频关注并满足用户需求，其中关键的一点在于短视频内容的价值性。在碎片化的时间里，用户只会关注对自身有价值的短视频，很少将时间浪费在对自身无益的短视频上。因此，要想提高短视频的播放量，就要体现出短视频内容的价值性。价值性主要体现在哪些方面？下面来了解一下。

1. 为用户提供知识

2019 年 3 月 21 日，中国科学院科学传播局、中国科学技术协会科学技术普及部、中国科学报社、中国科学技术馆、北京字节跳动科技有限公司在北京举行仪式，联合发起名为"DOU 知计划"的全民短视频科普行动，同时"DOU 知计划"官方账号成立，如图 2-14 所示。2019年12月18日，抖音在北京举办了主题为“知识•创造•美好”的“2019DOU知创作者大会”，“向波老师”“咣当地球视频”“中科院物理所”“只露声音的宫殿君”“秋叶Excel”等不同学科领域的优质创作者获评“抖音2019年度知识创作者”，如图2-15所示。

研究获奖账号不难发现，它们之间有一些共同点：首先是短视频内容实用，用户学习短视频中的知识是为了应用在实际生活中，如果内容并不能对工作和生活有所帮助，那么在用户心中也就没有多大的价值了；其次是短视频内容专业，短视频内容既然已经被贴上了“知识”“专家人士”的标签，那么一定要有专业性和深度，才会吸引用户关注；最后是易懂，短视频内容在体现专业性的前提下，要让用户能理解，尤其是专业性强的内容，不能晦涩难懂，而是要深入浅出地讲解。例如，短视频账号“中科院物理所”用现实中常见的物体解释一些科学现象与名词，如图2-16所示。

图2-14

图2-15

图2-16

2. 为用户提供趣味内容

随着人们生活节奏的加快，压力也越来越大，因此绝大多数用户观看短视频是为了寻找乐趣、放松心情、缓解压力。不管是剧情类的短视频（见图2-17）还是科普类的短视频（见图2-18），都可以通过不同的方式将内容变得有趣，得到用户的喜爱。

图2-17

图2-18

3. 提升用户生活质量

生活质量提升的一个方面体现在人们对于外表的重视。2020年10月30日，百度联合时尚杂志COSMO发布《2020中国

美妆地图白皮书》，透过百度搜索大数据揭开各地爱美人士的美妆护肤秘籍。百度搜索大数据显示，皮肤问题方面，"痘痘肌"是广大爱美人士长久的困扰，"祛痘""防晒""保湿补水"成为 2020 年网友们热议的护肤话题。百度搜索大数据还显示，近三年，人们对护肤的关注度开始超越美妆，其中，关注各产品成分的爱美人士日渐活跃，人们不再只看浮夸的广告语，也关注产品是否真实有用。安全系数较高的医美项目近年来开始受到热捧。百度搜索大数据指出，能够紧致皮肤的"热吉玛"成为 2020 年爱美女性的关注焦点，位列一位，"光子嫩肤""植发"则分别位列二、三位。

如果短视频中的内容可以针对这些问题和现象提出合理的解决方案并进行科学普及，帮助用户答疑解惑、解决难题，提升用户的生活品质，一定会得到用户的喜爱和关注。

4. 激发用户积极情感

情感性也是短视频内容价值性的体现。优质的短视频内容一般都具有感动、搞笑、励志、震撼、治愈和解压等因素，这些因素是用户内心想法的折射和情感的体现，可以激发用户的积极情感。

2.3.4 内容的痛点切入方法

用户痛点是短视频的原动力，只有当用户有需求时才会出现对应短视频。用户需求是产品的起跑线，也是短视频账号能够持续长久发展的内在动力。如果对痛点洞察不深而草草起步，那么短视频的发展只能越跑越偏。很多短视频创作者找不到用户痛点，不是因为信息量不足，而是因为没有有效整理和利用信息。一般通过下面三种方法来寻找和分析用户的痛点。

1. 深度

深度是指用户的本质需求，具有延展性，在短视频中植入痛点时要考虑痛点的深度，注重细节的体现。例如，用户最开始观看抖音账号"密子君"（见图 2-19）的视频时，本质需求是满足好奇心，看一个女孩子到底能吃多少美食。但随着时间的推移，这种单一的内容已经无法满足用户的好奇心，该账号为了让用户持续关注，就必须进一步扩展用户需求，分析用户的潜在需求。大部分人都爱吃，但受到地域的限制，很多人吃的食品比较单调，而该账号的创作者到各地"探店"，或者探索更多美食的吃法和做法，为用户

图 2-19

带来了不一样的美食体验，解决了大多数用户"想吃又不知道吃什么"的痛点，所以获得了用户的支持和持续关注。

2. 细度

细度是指将用户的痛点进行细分。在细分用户的痛点时，可以按照以下步骤进行。

（1）对垂直领域进行一级细分，如将拍摄细分为纪实摄影、风光摄影、人像摄影、商业摄影、新闻摄影等。

（2）在(1)的基础上再做细分，如将人像摄影细分为婚纱摄影、个人写真、儿童摄影等。

（3）在（2）的基础上确定目标人群。如果目标人群是育儿家庭，他们则会对儿童摄影更感兴趣。

（4）以（3）为基础确定一级痛点。如育儿家庭的痛点是如何对不能积极配合的儿童进行拍摄，并充分体现儿童天真活泼的特点。

3. 强度

强度是指用户解决痛点的急切程度。如果能够找到用户的高强度痛点，短视频成为"爆款"的概率就会很大。高强度痛点是指用户主动寻找解决途径，甚至付出高成本也要解决的痛点。

短视频创作者要及时发现这些痛点，给用户反馈的渠道，或者在短视频评论区仔细分析用户评论，从中寻找其急切需要解决的痛点。

例如，在抖音账号"你们的宋老师"中（见图2-20），该创作者深度剖析了恋爱中男女的心理活动及日常行为，不断总结规律，对恋爱中女朋友提出的各式各样的"送命题"，通过幽默风趣的语言，采取层层递进的方式给予完美的回答，直接击中恋爱中男青年的痛点，让他们感觉获益匪浅，在恋爱生活中需要宋老师为其指导，解决恋爱问题。

图 2-20

内容的持续、稳定

短视频内容的稳定性、持续的创造性以及足够高的曝光频率，是短视频制作的必备元素，它们决定着短视频创作者在这条路上能够走多远。

在内容方面要保持题材的连续性、一贯性，要保证选题能够相对稳定，避免产生内容短缺或者内容不精彩等问题。

持续的创造性也非常重要。从某种程度上说，短视频作为网生内容，之所以有强大的生命力，就在于它不断地被赋予想象力和创造力。如果短视频制作进入缺乏创新的阶段，想象力和创造力缺乏，没有持续的创新能力和自我颠覆能力，那就会陷入疲态，粉丝也会降低期待值甚至取消关注。

2.4 短视频内容的展现形式

当做好用户定位、确定了短视频领域、明确了选题方向之后，还需要确定短视频内容的展现形式。不同风格的短视频，其展现形式也是不同的。短视频的展现形式决定了用户会通过什么方式记住短视频的账号和内容。比较常见的短视频展现形式有图文形式、模仿形式、解说形式、脱口秀形式、情景剧形式和 Vlog 形式等。

2-2 短视频内容的展现形式

2.4.1 图文形式

图文形式是最简单、成本最低的短视频展现形式。在短视频平台上，用户经常可以看到，有的短视频只有一张底图或者影视剧经典片段的截图，图中配有励志类或情感类文字，并配有适合的音乐，如图 2-21 所示。这种形式的短视频在抖音等短视频平台上很流行，但由于图文形式的短视频没有人设，没有办法植入产品，因此变现能力比较差。

2.4.2 模仿形式

模仿形式是很常见的短视频展现形式。模仿形式的短视频，其制作方法很简单，只需要搜索短视频平台上比较火的短视频，然后用其他形式表现出来，如图 2-22 所示。这种展现形式相对于制作原创视频要简单很多，只需要在被模仿视频的基础上修改或创新。但要注意模仿不是抄袭，要想提高短视频的播放量就要做出特色，形成个性标签。如果用户连续看几个视频都是相同内容，很容易产生审美疲劳；如果看到一个很有看点、表现形式或拍摄风格很有特色的短视频，便会觉得耳目一新，进而产生点赞、评论和转发等行为，也利于后期变现。

图 2-21

图 2-22

2.4.3　解说形式

解说形式的短视频是由短视频创作者搜集视频素材，进行剪辑加工，然后加上片头、片尾、字幕和背景音乐等，自己配音解说制成的。其中最常见的是影视剧类短视频的解说，如图 2-23 所示。制作影视剧类解说短视频首先要选好题材，因为影视剧有很多类型，是制作爱情片、恐怖片还是喜剧片的解说短视频需要提前定好；然后准备文案，影视剧类解说短视频的文案很重要，因为故事情节都要通过文案表现出来；然后录音，讲解者有自己的节奏感才能受到更多用户的青睐；完成录音之后就开始剪辑了，将录制好的解说音频剪

图 2-23

辑到视频中，一个影视剧类解说短视频就制作完成了。

2.4.4　脱口秀形式

脱口秀形式也是目前常见的短视频展现形式，想要做好这类短视频，关键是内容要有干货，让用户看后有所收获。例如，"虎哥说车"成为2019年汽车类短视频账号的黑马（见图2-24），其视频内容集中于汽车本身，在短时间内向用户介绍某类汽车的基本信息，包括车型、功能、价格等内容。视频中的虎哥身穿西装，以幽默诙谐、简洁精练的语言向用户介绍各类汽车的信息，因感染力十足的解说深受用户喜爱。当然，由于这类内容以各类汽车的基本信息为主，用户大部分为对汽车感兴趣的男性。又如，"刘铁雕Rose"主打单人脱口秀短视频（见图2-25），

图 2-24　　　　　　图 2-25

在 2019 年 2 月发布第一个作品，内容主要是用天津话重新演绎《火影忍者》中的经典台词；同年 10 月凭借一段由《英雄联盟》技能串联的故事获得了 300 多万次的点赞。他的内容以脱口秀为主，除了讲述一些网络热点内容，也有回答粉丝提问、罗列搞笑集锦的内容，内容来源较广，创作面相对丰富。

脱口秀形式的短视频操作简单，成本相对较低，但是对脱口秀表演者的要求较高，需要将人设打造得很清晰，具有辨识度，不断地为用户提供有价值的内容来获得用户的认可，提高用户黏性，因此此类短视频的变现能力比较强。

2.4.5 情景剧形式

情景剧形式就是通过表演把想要表达的核心主题展现出来。这种短视频需要演员表演，创作难度最大，成本也最高。前期需要准备脚本，还需要设计拍摄场景（要求摄像师掌握拍摄技巧），后期要进行视频剪辑。

情景剧形式的短视频有情节、人物，能够清晰地表达主题，调动用户情绪，引发情感共鸣，可以在短时间内吸引用户关注。例如，"奇妙博物馆""陈翔六点半"等账号（见图2-26），其剧情能够带给用户跌宕起伏的感觉，充分调动用户的情绪，吸引用户关注。

图 2-26

2.4.6 Vlog 形式

随着短视频的兴起，越来越多的人，尤其是年轻人，开始拍摄 Vlog。这种形式的短视频就像写日记，用影像代替了文字和照片。但这不代表 Vlog 可以拍成流水账，而是一定要有明确的主题，如旅游 Vlog（见图2-27）、留学 Vlog（图2-28）、健身 Vlog 等。此外，短视频创作者还要注重脚本，提前构思好重要的镜头，适当设计情节；拍摄时，注重拍摄效果，可以多运用一些专业的视频拍摄技巧；后期制作时，做好转场特效，保证叙事流畅。这样拍出的短视频很容易抓住用户眼球，受到大众的喜爱。

图 2-27　　　　图 2-28

本章习题

一、填空题

1．用户信息数据分为_____和_____两大类。

2．短视频创作者可以从____、____、____、____、____这五个维度来寻找选题。

3．短视频一般通过_____、_____和_____三种方法来寻找和分析用户的痛点。

4．_____是短视频内容最简单、成本最低的展现形式。

二、选择题

1．下列不属于用户静态信息数据的是（　　　）。

A．学历　　　　　　B．兴趣爱好　　　　　C．价值观　　　　　D．婚姻状况

2．下列不属于获取短视频素材的渠道是（　　　）。

A．阅读书籍　　　B．观看影视作品　　　C．道听途说　　　D．互联网平台

3．策划短视频选题的基本原则不包括（　　　）。

A．以用户为中心

B．注重价值输出

C．保证内容的垂直度

D．随心所欲，想做哪个选题就做哪个

三、简答题

1．列举三种常见的短视频内容的展现形式。

2．简述短视频内容的价值性主要体现在哪些方面。

3．解释"5W1H"法。

4．简述长尾效应并画出示意图。

第3章

短视频的拍摄

短视频拍摄是一项实操性大于理论性的工作。短视频创作者不仅要选择合适的拍摄工具，还要熟练运用各种拍摄技巧，合理设计景别、光线位置、镜头运动方式和构图方式。

关于本章知识，本书配套的教学资源可在人邮教育社区下载使用，教学视频可直接扫描书中二维码观看。

3.1　拍摄设备的选择

　　工欲善其事，必先利其器，短视频的拍摄需要用到各种工具，因此在短视频拍摄之前要选择合适的拍摄设备。选择拍摄设备的首要标准就是拍摄设备要与所拍摄的短视频相匹配，合适的拍摄设备可以让短视频创作者在拍摄过程中更加得心应手。短视频拍摄涉及的设备比较多，可以按照不同的团队规模和预算来选择适合的设备。

3.1.1　拍摄设备

　　短视频的拍摄设备主要有手机、单反相机和微单相机。

1. 手机

　　随着智能手机的普及，手机可以说是最常见的拍摄设备。现在短视频平台功能日趋完善，进入门槛低，短视频创作者可以直接用手机拍摄短视频上传至短视频平台。对于刚进入短视频行业且没有资金预算的新人来说，推荐使用手机拍摄。

　　手机的最大优势就是携带方便，短视频创作者可以随时随地进行拍摄，遇到精彩的瞬间可以直接拍摄下来当作素材；各种短视频 App 自带强大的美白、磨皮、瘦脸、滤镜等美颜功能，这些也是人们在日常生活中经常使用的功能。手机拍摄虽然便捷，但也有不足之处。虽然目前已经有光学变焦镜头的手机，但是跟相机比，用手机拍摄出来的视频画面，成像质量较差，色彩还原度较低；在光线较暗的地方，使用手机拍摄的画面容易出现噪点，使短视频画面模糊不清；手机镜头的防抖功能也较差，轻微晃动便会造成画面模糊。

2. 单反相机

　　团队发展到稳定阶段，有了一定规模之后，会面向更广大的用户，对画质和后期的要求也会越来越高，这时便需要考虑使用单反相机进行拍摄。使用单反相机拍摄出来的画面比手机拍摄出来的更清晰，效果更好。单反相机的主要优点在于能够通过镜头更加精确地取景，拍摄出来的画面与实际看到的几乎一致；而且单反相机的镜头选择也比较多，包括标准镜头、广角镜头和长焦镜头等，可以满足多种场景拍摄需求。单反相机具有强大的手控调节功能，可以根据个人需求来调整光圈、曝光度，以及快门速度等，取得独特的拍摄效果。

　　但是单反相机的缺点也很明显。一是单反相机过重，拍摄短视频时要将其长时间拿在手中，是个不小的挑战；二是拍摄者必须在熟悉快门、光圈、感光度等参数之后，才能灵活操作，否则会影响拍摄效果；三是单反相机电池续航能力差，很容易因电池过热关机，在外拍摄时，一定要带上备用电池或者找到稳定的电源供给。

3. 微单相机

　　当资金预算有限，又想提高短视频的画质时，可以选择微单相机。与单反相机相比，微单相机体积小、重量轻，拍摄出来的画质也很清晰，性价比较高。

3.1.2 辅助设备

拍摄短视频的辅助设备很多，常见的有稳定设备、灯光设备和其他辅助设备等。

1. 稳定设备

短视频拍摄对于稳定设备的要求非常高。不管是使用手机、微单相机或单反相机拍摄短视频为了保证画面稳定、清晰，都需要借助稳定设备。常用的稳定设备有自拍杆、三脚架和独脚架、稳定器等。

◎ 自拍杆

自拍杆作为手机自拍最常使用的设备，不仅可以让手机离身体更远，使镜头纳入更多的拍摄内容，还可以有效保证手机的稳定性。有些自拍杆使用起来很方便，其下边的把手可以变成小三脚架，还有些自拍杆的把手位置有一个开始录制的按键，如图 3-1 所示。

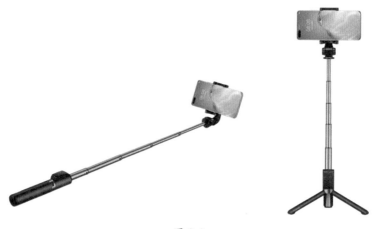

图 3-1

◎ 三脚架和独脚架

对于短视频创作者来说，一个人拍摄时，三脚架和独脚架几乎是不可或缺的拍摄器材，它们可以防止拍摄设备的抖动造成的短视频画面模糊。拍摄短视频的三脚架大概分为两种：一种是小巧轻便的桌面三脚架，如图 3-2 所示，比较适合美妆、"种草"、推荐好物，以及手工制作、写字和画画等短视频的拍摄；另一种是拍摄视频的专业三脚架，如图 3-3 所示，可以通过独有的液压云台，进行顺滑、稳定的左右、上下摇动拍摄。

相对于传统三脚架而言，独脚架的携带和使用更加方便、灵活，如图 3-4 所示。在使用较重的长焦镜头时，独脚架可以用来减轻拍摄者手持的劳累感，而且稳定性优于手持。独脚架一般多用于拍摄体育类、动物类短视频。

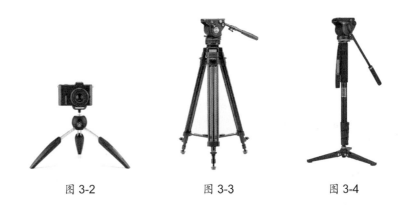

图 3-2　　　　　　　图 3-3　　　　　　　图 3-4

◎ 稳定器

在室外拍摄人物运动，如拍摄走路、奔跑、玩滑板等画面时，如果拍摄者徒手拿着手机、微单相机或者单反相机，拍摄出来的画面会剧烈抖动。因此，我们需要在拍摄设备上安装稳定器。稳定器可以分为手机稳定器（见图 3-5）、微单稳定器和单反稳定器（见图 3-6）。

2. 灯光设备

摄影是光影的艺术，灯光造就了影像画面的立体感，是影像拍摄中的基本要素。

◎ LED 环形补光灯

LED 环形补光灯基于高亮的光源与独特的环形设计，使人物脸部受光均匀，更有立体感，让皮肤更显白皙、光滑。LED 环形补光灯外置柔光罩，让高亮的光线更加柔和、均匀，在顶部与底部中央位置均设计有热靴座和用于固定单反相机支架的固定孔，可用于固定化妆镜、手机、单反相机等配件，如图 3-7 所示。

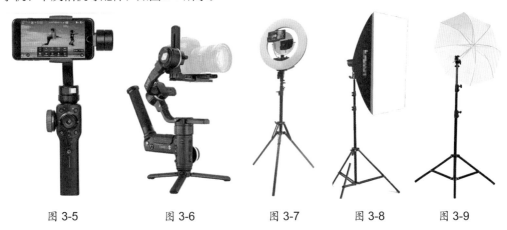

图 3-5　　　　　图 3-6　　　　　图 3-7　　　　　图 3-8　　　　　图 3-9

◎ 柔光箱和柔光伞

柔光箱（见图 3-8）将光线在内部充分变柔和后发射出来，其产生的光线基本可以认为是一束平行光。柔光伞（见图 3-9）主要是通过减弱光源的直射强度制造出柔和的对比。将两种光线分别打在墙上就能看出二者的区别。此外，柔光箱产生的阴影在相当范围内还是柔和的（对比照射在物体本身的光线而言），而柔光伞离主体位置较远后，形成的阴影会变"硬"。想象一下太阳光就好理解了。

除了以上几种灯光设备之外，还有便携灯箱、无影罩、尖嘴罩等，如图 3-10 所示。短视频创作者可根据需求选择合适的灯光设备。

图 3-10

3. 其他辅助设备

除了稳定设备和灯光设备之外，专业的短视频制作团队还需要其他的辅助设备。

○ 摇臂

全景镜头、连续镜头和多角度镜头等镜头的拍摄，大多需要借助摇臂来完成。对于摄像师来说，熟悉操控摇臂已经成为必须掌握的技能。摇臂不仅让拍摄的画面动感、多元化，还丰富了摄像师的拍摄方式。摄像师可利用不同的拍摄手法，拍摄出令人印象深刻的画面，呈现出精彩的短视频内容。摇臂拥有长臂优势，可以用它拍摄到其他摄像机捕捉不到的画面。短视频拍摄一般不需要用到拍摄电影、电视剧的大型摇臂，对于个人和小团队来说，小型摇臂就可以满足需求，且其价格实惠、操作简单、性价比高，如图 3-11 所示。

○ 滑轨

摄像师通过使用滑轨让拍摄器材实现平移、前推和后推等动作，使拍摄画面更具动感。目前，摄像滑轨主要分为手动滑轨和电动滑轨。手动滑轨操作十分简单，只需要用手轻轻地推动就可以完成拍摄；电动滑轨主要通过手机连接蓝牙，以控制单反相机移动的轨道，如图3-12 所示。

图 3-11   图 3-12

◎ 话筒

短视频由图像和声音结合而成，短视频画面虽然重要，但声音也是不可或缺的。拍摄短视频的时候我们会发现，不管是用手机拍摄还是用微单或单反相机拍摄，原生手机或者相机的收音效果都比较差，人声跟环境杂音混合在一起，因此仅依靠机内话筒是远远不够的，还需要外置话筒。例如，拍摄情景短剧类的短视频，若在拍摄过程中收不到声音，到后期制作时就会非常麻烦，因此需要用外置的话筒单独收音，或者演员在身上戴着话筒同步收音。最常见的话筒包括无线话筒，又称"小蜜蜂"，如图 3-13 所示；还包括指向性话筒，也就是一般常见的机顶话筒，如图 3-14 所示。

图 3-13

图 3-14

需要注意的是，短视频创作者应根据短视频拍摄的需要和资金预算选择适合的设备，并不是一定要购买所有的短视频拍摄设备。

3.2　拍摄技巧

短视频制作过程中除了要有完善的策划、独特的创意，还需要专业的拍摄。短视频创作者要想提高自己的拍摄水平、拍出比较好的短视频，需要掌握一些技巧，如构图、景别、景深、拍摄角度、光线和运镜的技巧。

3.2.1 画面构图的设计

相信很多短视频创作者在看制作精良的短视频时都会有这样的困惑：人家的片子并不长，整体看下来却有种看电影的感觉，而自己的片子，从拍摄到剪辑，各个细节也都精心把关，为什么就很难达到这种效果呢？其中一个很重要的原因就是不会构图。如果前期的构图没做好，那么画质再好，剪辑再完美，短视频依然无法给人震撼的感觉。对于短视频来说，构图是表现作品内容的重要因素。根据画面的布局和结构，运用镜头的

3-1　画面构图的设计

成像特征和摄影手法，在主题明确、主次分明的情况下，组成一幅简洁、多样、统一的画面。一个好的构图能让短视频画面更富有表现力和艺术感染力。

1. 构图的基本元素

短视频画面由主体、陪体和环境三种基本元素构成。

◉ 主体

主体就是画面中的主要表现对象，它既是画面的内容中心，也是画面的结构中心，还是吸引眼球的视觉中心。主体既可以是一个对象，也可以是几个对象；可以是一个人，也可以是一棵树，无论主体是什么，都要保证主体突出。一般来说，突出主体的方法有两种：一种是直接突出主体，让被摄主体处于画面突出的位置，再配合适当的光线和拍摄手法，使之更为引人注目，如图 3-15 所示；另一种是间接表现主体，就是通过对环境的渲染烘托主体，这时主体不一定要占据画面的大部分面积，但会占据比较显要的位置，如图 3-16 所示。

图 3-15   图 3-16

◉ 陪体

陪体的主要作用就是给主体做陪衬，起到突出主体的作用。如果主体是一朵红花，那么绿叶就是陪体。由于有陪体的衬托，整幅画面会更加生动、活泼。需要注意的是，陪体主要是用来衬托主体的，不要喧宾夺主、主次不分。如图 3-17 所示，主体为人物，旁边的花朵为陪体。

◉ 环境

在画面中，除了主体和陪体外，有些元素作为环境的组成部分，对主体、情节起一定的烘托作用，加强主体的表现力。环境包括前景和后景两个部分，处在主体前面的、作为环境组成部分的对象，称为前景；处在主体后的环境，称为后景。如图 3-18 所示，画面中前景是沙滩，后景是大海。

2. 构图的基本原则

构图能够创造画面造型，表现节奏和韵律，是短视频作品美学空间性的直接体现。恰当的构图可使画面有丰富的表现力，使短视频的主题和内容尽可能获得完美的画面效果。在构图的过程中，摄像师需要了解构图的一些基本原则，才能拍摄出优秀的短视频作品。

图 3-17

图 3-18

构图简洁

短视频的构图，首先需要做到画面简洁。"简"即简单，谐音"减"，即运用减法。"洁"即整洁，谐音"结"，即明晰的结构。简洁首先意味着简单，要想构图简洁，需要处理好主体、陪体和环境的关系。我们可以采用减法原则，如内容减法，即将所有与主题不相关的元素都尽量从作品中删除，背景自然、干净才会更加突出主体，如图 3-19 所示。简洁的另一个含义是整洁，也就是说画面中的所有元素要错落有致地排列，影像元素之间不能有不恰当的粘连，如从一个人的头上"长出"一根电线杆或一棵树。

画面均衡

均衡是形成良好构图的一个重要原则，构图均衡的画面能在视觉上产生形式美感。简单来说，均衡是指在线条、形状、明暗、色彩等方面达到协调，是一幅画面协调完整、富有美感的决定因素之一。均衡不是平均，而是让人感觉到画面稳定，既不头重脚轻，也不左右失衡；均衡也不是对称，对称的照片常常给人沉闷感，而均衡不会在视觉上引起不适。要达到均衡需要让画面中的形状、颜色和明暗区域互相呼应，如图 3-20 所示。

图 3-19

图 3-20

黄金分割

如果将被摄主体安排于画面的中心，画面将给人静止的感觉，并且有时候会显得呆板。试着将被摄主体安排在偏离画面中心的地方，我们会发现效果比之前好很多。那到底该将主体安排在画面的什么地方呢？这个时候就要用到黄金分割法。黄金分割是指将整体分为大小不一样的两部分，整体部分与较大部分的比值等于较大部分与较小部分的比值，其比值约为0.618。0.618∶1 被公认是最能产生美感的比例，因此被称为黄金分割比例。黄金分割点是最容易引起人注意并且让画面有动感的点。最常用的构图方法包括"黄金螺旋"（见图3-21）和"黄金九宫格"（即九宫格构图法）。

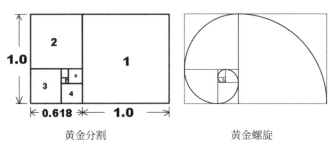

黄金分割　　　　　　　　　　　黄金螺旋

图 3-21

⬤ 寻找线条

有时候我们会发现有的画面遵循了以上构图原则，虽然画面美观，但还是无法吸引观众，这是因为这些画面缺少线条感。可以在构图中寻找对角线或者放射线，如图3-22 所示，让画面更具动感。

图 3-22

3. 常见的构图方法

虽然短视频拍摄的是动态画面，摄影拍摄的是静止画面，但是二者本质上没有区别。在短视频拍摄的过程中，不管是移动镜头还是静止镜头，拍摄的画面实际上都是由多个静止画面组合而成的，因此摄影中的一些构图方法也同样适用于短视频拍摄。下面介绍一些常用的构图方法。

⬤ 中心构图法

中心构图法是将主体放置在画面中心进行构图。这种构图方式的最大优点在于主体突出、明确，而且画面容易产生左右平衡的效果，是最简单、最常用的构图法。当主体比重较大，而画面中缺乏其他景物时，最好采用中心构图法，否则主体的偏移会造成强烈的失衡感。采用中心构图法时，最好采用画面简洁（见图 3-23）或者与主体反差较大的背景（见图 3-24），可以更好地衬托被摄主体。

图 3-23

图 3-24

◉ 三分构图法

三分构图法实际上是黄金分割的简化版，是指将画面分成三等份的构图法，又分为垂直三分构图法和水平三分构图法。三分构图法可以避免画面过于对称，从而增加画面的趣味性，减少呆板感。图 3-25 采用了水平三分构图法，将驼队放在了画面的 1/3 处；图 3-26 则采用了垂直三分构图法，和阅读一样，人们看图片时习惯由左向右移动，视线经过运动，视点往往落于右侧，所以在构图时把主要景物、醒目的形象安置在右边，更能获得良好的效果。

图 3-25

图 3-26

◉ 九宫格构图法

如果把画面当作一个有边框的图形，把左、右、上、下四个边都分成三等份，然后用直线把这些对应的点连起来，画面中就会出现一个井字，画面被分成九个大小相等的方格，井字的四个交叉点就是趣味中心，在四个点中的任意一点上都可以放置主体。将人物脸部安排在右上角，如图 3-27 所示，可以有效突出主体人物。需要注意的是，在九宫格构图中，主体不一定要放在交叉点的位置，只要将想要表现的主体安排在这个点的附近，同样可以很好地突出主体，如图 3-28 所示。

图 3-27   图 3-28

◎ 对称构图法

对称构图法是将画面分成轴对称或者中心对称的两部分，给观众以平衡、稳定和舒适的感觉的构图方法。对称构图可以突出拍摄主体的结构，一般用于建筑物的拍摄，如图 3-29 所示。需要注意的是，使用对称构图法时，并不讲究完全对称，做到形式上的对称即可，如图 3-30 所示。

图 3-29   图 3-30

◎ 引导线构图法

引导线构图法就是利用线条将观众的视线引向画面想要表达的主要物体上，如图 3-31 所示。引导线可以是河流、车流、光线投影、长廊、街道、一串灯笼、车厢等。只要是有方向性的、连续的点或线且能起到引导视线作用的，都可以称为引导线。

图 3-31

◉ 框架构图法

框架构图法很独特，是指在场景中布置或利用框架将要拍摄的内容放置在框架里，将观众的视线引向中心处的物体的构图方法，如图 3-32 所示。画面中的框架更多起到引导作用，不但不会引起额外注意，反而使主体更为突出。框架的选择多种多样，可以借助屋檐、门框和桥洞等物体，也可以利用其他景物搭建框架。

图 3-32

◉ 水平线构图法

水平线构图法以水平线作为参考，用比较水平的线条来展现景物的宽阔和画面的和谐，给人一种延伸、宁静、舒适和稳定的感觉，主要用于表现辽阔、宽广的场景，如图 3-33 所示。例如，拍摄平静如镜的湖面、微波荡漾的水面、一望无际的平川、广阔平坦的原野、辽阔无垠的草原、层峦叠嶂的远山、大型会议合影等，经常会用到水平线构图法。

图 3-33

◉ 垂直线构图法

垂直线构图法在竖向位置安排主体，能将被摄主体表现得巍峨高大而富有气势，如图 3-34 所示。垂直构图象征着坚强、庄严、有力，该构图同样能够给人稳定、平衡的感觉，能充分显示景物的高大和深远。垂直线构图法常用于表现森林中的参天大树、险峻的山石、飞泻的瀑布、摩天大楼，以及由竖向直线组成的其他画面。垂直线构图法不仅可以用于表现单一的竖线物体，而且当多条竖线物体同时出现时，画面的整体力度和形式感可以展现得更加具体。

图 3-34

对角线构图法

对角线构图法就是将被摄主体沿着画面的对角线方向排列的方法。这一构图方法能够表现出很强的动感、不稳定性和生命力，给观众一种画面更加饱满的感觉，如图 3-35 所示。对角线构图法中的线条可以是任何形式的线条，如光影、实体线条等。

图 3-35

S 形构图法

S 形构图法是指被摄主体以 S 的形状从前景向中景和后景延伸的方法，如图 3-36 所示，使画面构成纵深方向的视觉感，让画面更加生动，表现出曲线线条的柔美以及场景的空间感和韵律感。S 形构图法不仅适合表现山川、河流、公路等景物，还适合表现人体或物体的曲线。

图 3-36

三角形构图法

三角形构图法以三个视觉中心为景物的主要位置，形成一个稳定的三角形，画面给人以安定、均衡、踏实之感，同时又不失灵活性。可以采用正三角形、倒三角形和不规则三角形构图，其中正三角形构图具有稳定性，给人以舒适之感，如图 3-37 所示；倒三角形构图具有开放性及不稳定性，因而给人以一种紧张感；不规则三角形构图则具有一种灵活性，给人以跳跃感。

图 3-37

辐射构图法

辐射构图法是以被摄主体为中心，让景物呈四周扩散的构图形式。采用这一构图方法的画面视觉冲击力强，向外扩展的方向感和动态感，都很明显。虽然向画面四周延伸的是线条或图案，但是按其规律可以很容易找出中心。辐射构图法经常用于拍摄需要突出主体且场面比较复杂的场景，也用于拍摄使人物或景物主体在较为复杂的环境中产生特殊效果的场景。辐射构图法有两大特点：一是增强画面的张力，如在自然风光类的短视频中，使用辐射构图法拍摄阳光穿过云层的画面，可以有效增强画面的张力，如图 3-38 所示；二是突出画面主题，虽然辐射构图法具有强烈的发散感，但这种发散感具有突出主体的特点，但有时也会产生局促、沉重的感觉，如图 3-39 所示。

图 3-38　　　　　　　　　　　　　　　　　图 3-39

留白构图法

留白构图法就是剔除与被摄主体关联性不强的物体，形成留白，让画面更加精简，突出主体，给观众留下想象空间的方法。留白不等于空白，它可以是单一色调的背景，也可以是干净的天空、路面、水面、雾气、草原、虚化了的景物等，重点是简洁、干净，不会干扰观众视线，能够突出主体，如图 3-40 所示。留白还可以延伸空间，如借助人物视线，可以有效地延伸画面，给人留下更多的想象空间，如图 3-41 所示。

图 3-40   图 3-41

3.2.2 景别和景深的运用

景别和景深是两个不同的概念，景别是被摄主体在画面中呈现的范围，景深是在画面中获得相对清晰影像的景物空间深度范围。恰当运用景别和景深，可以提升画面的空间表现力。

1. 运用景别，营造不同的空间表现

景别是指由于在焦距一定时，摄像机与被摄体的距离不同，而造成被摄体在摄像机录像器中所呈现出的范围大小的区别。景别一般可分为五种，由远至近分别为远景（指被摄体所处环境）、全景（指人体的全部和周围部分环境）、中景（指人体膝部以上）、近景（指人体胸部以上）、特写（指人体肩部以上）。在电影中，导演和摄像师利用场面调度和镜头调度，交替地使用不同的景别，可以使影片剧情的叙述、人物思想感情的表达、人物关系的处理更具有表现力，从而增强影片的艺术感染力。在剧情表演性比较强的短视频中也同样如此。

● 远景

远景常用于表现场面广阔的画面，如自然景色、盛大的群众活动等，如图 3-42 所示。远景提供的视野宽广，能包括广大的空间，以表现环境气势为主，人物在其中显得极小。画面给人从很远的距离观看景物和人物的感觉，看不清人物细节。在电影拍摄中，远景常用来展示事件发生的环境等，并在抒发情感、渲染气氛方面发挥作用。由于远景所包括的内容多，观众看清画面所需时间也会相对延长，因此远景镜头的时长一般不应少于 10 秒。

● 全景

全景用于表现人物的全身或场景的全貌，如图 3-43 所示。运用全景时，观众可以看清人物的形体动作以及人物和环境的关系。为使观众看清画面，全景镜头的时长一般不应少于6 秒。

图 3-42

图 3-43

中景

中景用于表现人物膝部以上的部位或局部场景，如图 3-44 所示。运用中景时，观众可以看清人物上半身的形体动作和表情，有利于交代人与人、人与物之间的关系。中景是表演场面的常用手段，常被用作叙事性的描写。在一部影片中，中景占有较大的比例。这就要求导演和摄像师在处理中景时注意使人物和镜头调度富于变化，做到构图新颖、优美。中景处理的好坏，往往是决定一部影片造型成败的重要因素。

近景

近景用于表现人物胸部以上或物体的局部，如图 3-45 所示。运用近景时，观众可以看清人物的面部表情和细微动作，使观众仿佛置身于场景中。

图 3-44

图 3-45

特写

特写用于表现人物肩部以上的部位或某些细节，如图 3-46 所示。运用特写可突出人或物。特写镜头往往能将演员细微的表情和某一瞬间的心理活动传达给观众，常被用来细腻地刻画人物性格，表现情绪。特写有时也用来突出某一物体的细节，揭示其特定含义。特写是电影中刻画人物、描写细节的独特表现手段，是电影艺术区别于戏剧艺术的特点之一。如果用 35 毫米以下

图 3-46

的广角镜头拍摄，还可获得夸张人物肖像的效果。

特写在影片中可以起到类似音乐中的重音作用，镜头时长一般较短，在视觉上贴近观众，容易给人以视觉上、心理上的强烈感染力。当特写与其他景别结合使用时，就会通过长短、强弱、远近的变化，形成蒙太奇节奏。特写镜头因具有极其鲜明、强烈的视觉效果，所以在一部影片中不宜滥用。影片中，还常常使用特写镜头作为转场手段。

2. 运用景深，控制画面的层次变化

当镜头对着被摄主体完成聚焦后，被摄主体与其前后的景物有一段清晰的范围，这个范围称为景深。因为景深范围内画面的清晰程度不一样，所以景深又被分为深景深、浅景深——深景深，背景清晰；浅景深，背景模糊。使用浅景深可以有效地突出被摄主体，通常在拍摄近景和特写镜头时采用；而深景深则起到交代环境的作用，表现被摄主体与周围环境及光线之间的关系，通常在拍摄自然风光、大场景和建筑等时采用。

光圈、焦距以及镜头到拍摄主体的距离是影响景深的三个重要因素：光圈越大（光圈值越小）景深越浅（背景越模糊），光圈越小（光圈值越大）景深越深（背景越清晰）；镜头焦距越长，景深越浅，反之景深越深；主体离镜头越近，景深越浅，主体离镜头越远，景深越深。

景深的作用主要表现在两个方面：表现主体的深度（层次感）、突出被摄主体。景深能增强画面的纵深感和空间感，如物体在同一平行线上，有规律且远近不同的排列着，呈现出大小、虚实的不同，让画面的空间感、纵深感变得非常强。突出被摄主体，这应该是景深最受人喜欢的作用了。当拍摄的画面背景杂乱、主体不突出时，直接拍摄，画面毫无美感，而使用浅景深将背景模糊，便可以有效地突出主体。

3.2.3 拍摄角度的选择

拍摄角度是影响画面构成效果的重要因素之一，拍摄角度的变化影响到画面的主体与陪体、前景与背景及各方面因素的变化。在相同场景中采用不同角度拍摄到的画面，所表达出来的情感和心理是完全不同的。在拍摄过程中，摄像师要根据需要表达的含义，选择拍摄角度。拍摄角度包括拍摄方向、拍摄高度和拍摄距离，其中拍摄距离在 3.2.2 节中已经讲过，下面介绍拍摄方向和拍摄高度对画面的影响。

3-2　拍摄角度
的选择

1. 拍摄方向

拍摄方向是指以被摄主体为中心，在同一水平面上围绕被摄主体选择摄影点，即平常所说的前、后、左、右或者正面、正侧面、斜侧面和背面方向，此处只介绍后四个方向。在拍摄距离和拍摄高度不变的条件下，不同的拍摄方向可展现被摄主体不同的形象，以及主体与陪体、主体与环境的变化。

○ 正面方向

　　正面方向即通常所说的正前方，是指摄像机对着被摄主体的正前方拍摄。正面方向拍摄有利于表现被摄主体的正面特征，一般来说，化妆教程、"开箱"、推荐好物等类型的短视频经常采用这个拍摄角度。采用正面方向拍摄可以看到画面中人物的完整面部特征及神情，如图 3-47 所示，有利于画面人物与观众面对面地交流，增强了亲切感。由于被摄主体的横向线条容易与取景框的水平边框平行，所以正面

图 3-47

方向拍摄很适合用于拍摄建筑，展现庄重、静穆以及对称的结构。但是，采用正面方向拍摄会使画面缺少立体感和空间感，不利于表现运动、动感的场景，而且大量的平行线条会影响画面构图的艺术性。

○ 正侧面方向

　　正侧面方向，即摄像机对着被摄主体的正左或正右方拍摄，如图 3-48 所示。正侧面方向用于拍摄人物有其独特之处。一是有助于突出人物正侧面的轮廓，容易表现人物面部轮廓和姿态，更容易展示拍摄主体的侧面形象。拍摄人与人之间的对话情景时，若想在画面中展示双方的神情、彼此的位置，正侧面方向常常能够照顾周全，不致顾此失彼。在拍摄会谈、会见等双方有交流的场景时，常常采用这个方向。二是正侧面方向拍摄由于能较完美地表现运动物体的动作，显示其运动中的轮廓，展现出运动的特点，因此常用来拍摄体育比赛等以表现运动为主的画面，如图 3-49 所示。当然，正侧面方向也有不足之处，那就是它不利于表现立体空间。

图 3-48

图 3-49

○ 斜侧面方向

　　摄像师从斜侧面方向拍摄被摄主体时，摄像机的镜头位于被摄主体的正面和正侧面之间，从斜侧面方向既可以拍摄被摄主体的正面部分，又可以拍摄其侧面部分。斜侧面方向是

指偏离正面角度，或向左或向右环绕对象移动到侧面角度的拍摄位置，是较为常用的拍摄方向之一，如图 3-50 所示。当拍摄方向偏离正、侧面角度较小时，往往对正侧面的形象变化影响不大，可在正、侧角度范围内选择适当的拍摄位置，使之能表现被摄主体正面或侧面的形象特征，这样往往能达到形象生动的效果。

图 3-50

● 背面方向

背面方向即通常所说的正后方，是指摄像机对着被摄主体的正后方拍摄。背面方向是个很容易被摄像师忽视的角度，其实，采用这个特殊的角度拍摄，常常可以收获意想不到的效果。从背面拍摄可以为观众带来较强的参与感，许多新闻摄像记者采用这个角度进行追踪式采访，具有很强的现场纪实效果。背面方向常用于拍摄主体人物的背面，可以将主体人物与背景融为一体，背景中的事物就是主体人物所关注的对象，如图 3-51 所示。例如，拍摄一个人站在门口，眼望前方，这时通过拍摄代表人物视线的镜头，可以让观众知道他眼前的景象。背面方向的拍摄不重视人物的面部表情，而注重以人物的姿态来表现其内心感情，并作为主要的形象语言。背面构图能制造出一种悬念效果。选择背面方向拍摄，由于观众不能直接看到人物的面部表情，如果镜头处理得当，则能积极调动观众的想象力，如拍摄对象坐在桌前一动不动，这时可以让观众充分发挥想象。

图 3-51

2. 拍摄高度

拍摄高度是指改变摄像机与被摄主体水平线的高低所选择的拍摄角度。拍摄高度有平角度、仰角度、俯角度及顶角度等。不同的拍摄高度会产生不同的构图变化。

◎ 平角度

平角度是指摄像机镜头与被摄主体处在同一水平面上的角度。平角度接近人观察事物的角度，符合人的正常心理特征和观察习惯。在这一角度拍摄的画面在结构、透视、景物大小、对比度等方面与人眼观察所得图像大致相同，使人感到亲切、自然，如图 3-52 所示。

图 3-52

◎ 仰角度

仰角度是指摄像机的位置低于被摄主体的位置，镜头向上仰起时进行拍摄的角度。由于摄像机镜头低于被摄主体，拍摄的画面会产生仰视效果，能够使景物显得更加高大雄伟。采用仰角度拍摄的画面的地平线低，甚至落在画面下方之外，从而可以突出画面中的主体，将次要的物体、背景置于画面的下部，使画面显得干净，如图 3-53 所示。

图 3-53

◎ 俯角度

俯角度是指摄像机的位置高于被摄主体的位置，镜头向下俯视时进行拍摄的角度。俯角度画面中地平线明显升高，甚至落在画面上方之外。采用俯角度拍摄可以表现被摄主体的正面、侧面和顶面，增强了被摄主体的立体感和画面空间的层次感，有利于展示场景内景物的层次、规模，常被用来表现宏大场面，给人以宽广、辽阔的视觉感受。在采用俯角度拍摄人物时，拍摄出来的画面会让观众产生一种被摄人物陷入困境、压抑、低沉的感觉，如图 3-54 所示。

图 3-54

○ 顶角度

顶角度是指摄像机的位置与地面近乎垂直，在被摄主体上方拍摄的角度。这种角度由于改变了我们正常观察事物时的视角，画面各部分的构图有较大的变化，会给观众带来强烈的视觉冲击，如图 3-55 所示。

图 3-55

3.2.4 光线的选取

在短视频拍摄的过程中，摄像师时时刻刻都在与光线打交道。画家借助不同颜色的画笔创作一幅画作，摄像师则是运用不同强度、色彩和角度的光线呈现一个场景。如果摄像师能够巧妙地利用光线，拍摄出赏心悦目、令用户印象深刻的画面，从而提高短视频的内容质量，便能吸引用户关注。

1. 软硬光质的运用

光质是指拍摄所用光线的软硬性质，光线可分为硬质光和软质光。

○ 硬质光

硬质光即强烈的直射光，如晴天的阳光、聚光灯下的灯光、回光灯下的灯光等，晴天的阳光是最强的硬质光。被摄主体在强光的照射下，明暗对比强烈、立体感强，表现出了被摄主体的细节及质感，如图 3-56 所示。硬质光下，被摄主体能形成投影，不但可以增强画面的纵深透视感，而且能够增强画面的气氛与美感。所以硬质光适合表现人物的个性、特定主题以及营造画面的气氛。

图 3-56

● 软质光

软质光也叫柔光、散射光等，是一种漫散射性质的光，没有明确的方向性，在被照物上投影不明显，如阴天的光线、大雾中的阳光等。我们也可以使用一些配件或方法来实现光线的柔化，如在闪光灯上附加一些能使光线散射的装置（如柔光箱、柔光纸、反光伞等）。软质光的特点是光线柔和、强度均匀、光比较小，形成的影像反差不大，主体感和质感较弱，被摄主体细腻、柔和、色彩还原比较准。图 3-57 所示即为借助软质光拍摄的画面。

图 3-57

2. 不同光位的运用

光位指光源相对于被摄主体的位置，即光线的方向和角度。同一被摄主体在不同的光位下会产生不同的效果。常见的光位有顺光、逆光、侧光、顶光和底光等。

● 顺光

顺光，也叫作正面光，指的是投射方向与拍摄方向相同的光线。顺光时，被摄主体受到均匀照射，景物的阴影被景物自身遮挡住，影调比较柔和，能拍出被摄主体表面的质地，比较真实地还原被摄主体的色彩，如图 3-58 所示。其缺点是顺光下的画面色调和影调的形成只能靠被摄主体自身的色阶来营造，画面缺乏层次和光影变化，表现空间立体感的效果也较差，艺术气氛不强，但我们可以通过画面中的线条和形状来凸显透视感，从而突出画面的主体。

● 逆光

逆光，也叫作背光、轮廓光，是指从被摄主体的背面投射过来、投向镜头镜面的光线，光线照射的方向与相机镜头取景的方向在同一条轴线上，方向完全相反。逆光拍摄能够清晰地勾勒出被摄主体的轮廓，被摄主体只有边缘部分被照亮，形成轮廓光或者剪影的效果，这对表现人物的轮廓特征，以及区分物体与物体、物体与背景都极为有效。运用逆光拍摄，能够获得造型优美、轮廓清晰、影调丰富、质感突出且生动活泼的画面效果。摄像师在采用逆光拍摄时，需要注意背景与陪体以及时间的选择，还要考虑是否需要使用辅助光等。如图 3-59 所示，在逆光的场景下，被摄主体的发丝更明显、更漂亮，身体的边缘线也呈现出来，整个人物显得更立体，而且恰当地运用了眩光，使画面产生朦胧、唯美、浪漫的效果。如图 3-60 所示，在拍摄早晨和傍晚的风光时，采用逆光会勾画出红霞如染的效果。如果再加上薄雾、轻舟、飞鸟相互衬托，不仅可以引发观者在视觉和心灵上的强烈共鸣，而且可以使作品的内涵更深、意境更远、韵味更浓。

图 3-58

图 3-59   图 3-60

侧光

侧光是指从侧面射向被摄主体的光线。侧光能使被摄主体有明显的受光面和背光面，产生清晰的轮廓。光线的方向和明暗关系十分明确，会在主体上形成强烈的阴影，使被摄主体有鲜明的层次感和立体感。

侧光又可细分为前侧光、正侧光和后侧光。前侧光是指光线从被摄体的侧前方射来与被摄体成 45° 左右的角度，这是最常用的光位；正侧光是指光线与被摄体成 90° 左右的角度，光从被摄主体左右两侧照射过来；后侧光又称侧逆光，是指光线与被摄体成 135° 左右的角度。不同的侧光角度，可以强调被摄主体的不同部位。摄像师在拍摄短视频的过程中，需要根据不同的画面效果采用不同的侧光角度。一般来说，侧光不宜用来拍摄人物，它会使人物的脸部形成一半明一半暗的"阴阳脸"，不是很美观（这时可以使用闪光灯对人物面部暗处进行一定的补光，以减少脸部的阴暗反差）；但在表现有个性的人物或者男性的阳刚之气时，经常会用到侧光，如图 3-61 所示。在拍摄浮雕、石刻、水纹、沙漠以及表面粗糙的物体时，利用侧光拍摄，会展现物体鲜明的质感，如图 3-62 所示。

图 3-61　　　　　　　　　　　　　　　图 3-62

顶光和底光

顶光，顾名思义就是从头顶上方照射下来的光线。最具代表性的顶光就是正午的阳光，这种光线使凸出来的部分更明亮、凹进去的部分更阴暗，如它会使人物的额头、颧骨、鼻子等凸出的部位被照亮，而眼睛等凹下处出现阴影。顶光通常用来表现人物的特殊精神面貌，如憔悴、缺少活力的状态等。

底光则是指从下方垂直照上来的光线，通常用于刻画阴险、恐怖、刻板的效果。底光更多出现在舞台戏剧照明中。低角度的反光板、广场的地灯、桥下水流的反光等也带有底光的性质。

3. 三灯布光法

光线根据其在画面中的不同作用，可以分为主光、辅助光、轮廓光、环境光、修饰光等。下面介绍基础的三灯布光法，三灯包括主灯、辅灯和轮廓灯，如图 3-63 所示。

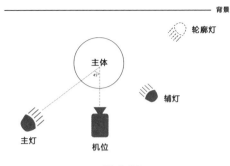

图 3-63

⚪ 主灯

主灯作为主光，是指模拟拍摄环境中的主要光照来源。例如，晴天的室外，主光通常来自太阳，室内主光主要来自窗外充足的光线或者各种人造灯具。主光的作用是照亮主体，通常放置在主体前侧方，并且主光与被摄主体和摄像机之间的连线成 45°～90°。

需要注意的是，主光越向侧面移动，光在人物脸上形成的效果就越具有戏剧性。主光最完美的角度是与被摄主体和摄像机之间的连线成 45°，并且主光略微高于主体，这样主光会在人物鼻子侧面与眼下形成一块明显的三角形阴影，使人物的脸部具有立体感。由于欧洲古典画家伦勃朗经常在他的人像绘画作品中使用这种光线，因此这种光线又被称为"伦勃朗光"。当主光与被摄主体和摄像机之间的连线成 90° 时，产生夸张的侧光效果，通常在表现阴郁、诡异气氛的作品中出现。

⚪ 辅灯

辅灯作为辅助光，作用是修饰主光照射主体后留下的阴影，能够还原较为真实和生活化的视觉效果。辅光的位置通常位于主体（人物）的一侧前方，也可位于被摄主体与摄像机之间连线形成的夹角为 45°～90° 的位置。

辅光的位置不同，在人物脸上呈现的艺术效果和感受也不同，需要和主光合理搭配使用。这里就要提到一个很重要的概念——光比。所谓光比就是光照强度的比例，光比和光源的强度、光源与主体的距离、光源的面积等都有关系。主光与辅光的光比没有固定数值，但要注意的是，主光的强度一定要大于辅光的强度，常用的主光与辅光的光比有 2∶1、4∶1 等。

⚪ 轮廓灯

轮廓灯作为轮廓光，是三灯中唯一一个不模拟自然光的。轮廓光的本质是一种修饰光。轮廓光的位置通常位于主体后侧方与主光大致相对的位置，并以略高于主体的高度俯射主体。需要注意的是，轮廓光的强度会影响画面的真实性和艺术性。经过柔化、较为自然的轮廓光不易被肉眼察觉，适合用在采访、访谈等纪实类短视频的拍摄中；而较硬且较亮的轮廓光则具有艺术化的修饰效果，通常用在音乐 MV 以及某些渲染氛围的剧情片中。

镜头会把三维空间压缩成二维平面，主体与背景之间的距离便被压缩，尤其当主体和背景的颜色较深或者二者较为接近时，会产生主体和背景融在一起的感觉。轮廓光通过照亮主体的边缘，将主体和背景分开，增加画面的层次感和纵深感。

3.2.5 运镜的巧用

运镜又称为运动镜头、移动镜头，是指通过移动摄像机机位，或者改变镜头光轴，或者变化镜头焦距所进行的拍摄。在短视频作品中，静止状态的画面是不常见的，运动画面居多。在拍摄短视频时，摄像师常常需要通过运镜开拓画面的造型空间，创造出独特的视觉艺术效果，进而制作出富有画面感的短视频。

3-3 运镜的巧用

运镜主要有两种方式：一种是将摄像机安放在各种活动的物体上，另一种是摄像师扛着摄像机通过运动进行拍摄。两种方式都力求平稳，保持画面的水平。在日常的视频拍摄中，巧妙运镜有利于丰富画面场景，表现被摄主体的情感。

常见的运镜方式有推镜头、拉镜头、摇镜头、移镜头、跟镜头、甩镜头和升降镜头等。

1. 推镜头

推镜头时画面从远到近，在被摄主体位置不变的情况下，用相机向前缓缓移动或急速推进。随着摄像机的前推，景别逐渐从远景、中景到近景，甚至是特写；画面里的次要部分逐渐被推移到画面之外；主体部分或局部细节逐渐放大，占满画面。

推镜头的主要作用是突出主体，使观众的注意力相对集中，视觉感受得到加强，形成一种审视的状态。它符合人们在实际生活中由远而近、从整体到局部、由全貌到细节观察事物的习惯。

2. 拉镜头

拉镜头则相反，它是在被摄主体位置不变的情况下，用摄像机由近而远向后移动。取景范围由小变大，逐渐把陪体或环境纳入画面；被摄主体由大变小，其表情或细微动作逐渐不清晰，与观众距离也逐步加大；在景别上，由特写或近景、中景拉成全景、远景。

拉镜头的主要作用是交代人物所处的环境，通过拉镜头把被摄主体重新纳入一定的环境，提醒观众注意人物所处的环境或者人物与环境之间的关系变化。

3. 摇镜头

摇镜头时不移动摄像机，而是借助活动底盘使镜头上下、左右甚至旋转拍摄。摇镜头的效果犹如人们转动头部环顾四周或将视线由一点移向另一点的视觉效果。一个完整的摇镜头包括起幅、摇动、落幅三个相互贯连的部分，从起幅到落幅的运动过程，使得观众不断调整自己的视线。

左右摇镜头常用来介绍大场面，上下摇镜头常用来展示高大物体的雄伟、险峻。摇镜头在逐一展示、逐渐显示景物全观时，还可以使观众产生身临其境的感觉。

4. 移镜头

移镜头，顾名思义就是要移动摄像机，这往往要借助器械，或者直接由摄像师在被摄主体前方、后方或者侧方移动拍摄。移镜头类似生活中人们边走边看的状态，不管被摄主体处于静止还是运动之中，镜头的移动都会使被摄主体呈现位置不断移动的态势，充满动感。移动拍摄的效果是最灵活的，但同时会造成画面抖动，这时就要用到稳定器来控制摄像机的移动和旋转。

移镜头开拓了画面的造型空间，创造出独特的视觉艺术效果，在表现大场面、大纵深、多景物、多层次的复杂场景时具有气势恢宏的造型效果。

5. 跟镜头

跟镜头是指摄像机的拍摄方向与被摄主体的运动方向成一定角度，且与被摄主体保持等距离运动的运镜方式。跟镜头大致可以分为前跟、后跟（背跟）、侧跟三种情况。前跟是指从被摄主体的正面拍摄，也就是摄像师倒退拍摄；后跟和侧跟是指摄像师在人物背后或旁侧跟随拍摄。跟镜头具有运动主体不变、背景不断变化的画面特征。被摄主体在画框中的位置相对稳定，景别也相对稳定，镜头始终跟随运动着的主体，可以连续而详细地表现主体在运动中的动作和表情。采用跟镜头既能突出运动中的主体，又能交代主体的运动方向、速度、主体的体态及其与环境的关系，使被摄主体的运动保持连贯，展示主体在动态中的精神面貌，给观众以特别强的穿越空间的感觉。

跟镜头与移镜头虽然从拍摄形式上看都有摄像机跟随被摄主体运动这一特点，但二者还是有明显的区别——有无明确的固定被摄主体。跟镜头是一直跟随固定的被摄主体拍摄的，主要表达的是被摄主体；移镜头往往没有明确的被摄主体，随着镜头的移动，所表现的内容不断更替，被摄主体也不断变化，更多的是表现空间环境。

6. 甩镜头

甩镜头是快速移动拍摄设备，从一个静止画面快速甩到另一个静止画面，使中间影像模糊，变成光流，常用于表现人物视线的快速移动或某种特殊视觉效果，使画面具有一种爆发力。

7. 升降镜头

升降镜头是指摄像机借助升降装置一边升降一边拍摄的运镜方式。升镜头是指镜头向上移动形成俯视拍摄，以显示广阔空间的运镜方式；降镜头是指镜头向下移动进行拍摄的运镜方式，多用于拍摄大场面，以营造气势。升降镜头扩展和收缩了画面视域，通过视点的连续变化形成了多角度、多方位的构图效果，有利于表现高大物体的局部以及纵深空间中的点面关系。

3.3 使用手机与单反 / 微单相机拍摄短视频

现在用手机、单反相机和微单相机拍摄短视频，可以说是家常便饭了，但是很多人对拍出来的短视频都不是很满意。所以，下面介绍如何用手机、单反相机和微单相机拍摄一个优质的短视频。

3.3.1　拍摄前的准备工作

在拍摄短视频的过程中，不可能想到什么才做什么，这样拍摄出来的短视频不仅效果不好，拍摄效率也极低。因此我们需要提前做好准备工作，一切准备就绪后，再按步骤拍摄内容，拍摄效率才会大大升高。

在拍摄前需要准备什么呢？首先需要进行整体策划，如拍摄美食制作类的短视频，需要根据拍摄的菜品确定准备哪些食材和用具，考虑在拍摄过程中如何能更好地将制作过程表现出来等。如果在室内拍摄短视频，就要提前把现场布置成符合拍摄主题的场景；如果在室外拍摄，可以提前踩点，有需要联系的也要提前联系好，提前查看天气状况等。根据脚本提前构思好画面的构图、拍摄角度和运镜方式等，使画面拍摄得更加饱满、看起来更舒服。此外，要注意光线的运用，不要把画面拍得忽明忽暗。

3.3.2　使用手机拍摄短视频的技巧

手机是我们常用的拍摄设备，只要启动手机中的相机应用，滑动到视频模式，然后轻点按键就可以开始拍摄了。很多人的手机能拍分辨率为 4K 的视频，但这并不意味着拍出来的视频都很好看。下面介绍用手机拍摄短视频的技巧，希望可以提升大家的拍摄技术。

3-4　使用手机拍摄短视频的技巧

1. 灵活运用横、竖屏拍摄

如果制作完成的短视频要上传到哔哩哔哩等平台，那么竖屏拍摄的画面布局和比例会给人一种不舒服的感觉，影响观看体验，所以建议用横屏拍摄。如果短视频要上传到抖音、快手等平台，则采用竖屏拍摄会带来更好的观看体验。所以拍摄之前，创作者要先想好在哪个短视频平台发布作品，灵活运用横、竖屏拍摄。

2. 画面稳定很重要

一个好的视频可以获得较高的播放量和点赞量，而制作一个好视频最基础且关键的就是要保持画面的稳定与清晰；如果画面抖动严重，观众的观看体验会很差。

现在很多手机都有防抖功能，建议读者在拍摄视频的时候打开防抖功能，同时在移动拍摄的过程中将手肘紧靠在身体两侧，这样拍出来的视频画面会更稳定。在固定机位时，三脚架是较好用的辅助工具之一。

3. 好的构图是关键

短视频拍摄的是动态画面，摄影拍摄的是静态画面，而动态画面实质上是由一个个静态画面连接起来的，二者本质上没有区别。因此读者可以学习一定的构图知识，并将其运用到视频拍摄中，使视频画面清晰、简洁、赏心悦目。为了吸引、引导观众的视线，我们在拍摄的时候要突出拍摄主体，做到主次分明。我们可以运用中心构图法、引导线构图法等，根据不同的画面需求，灵活运用构图技巧。

4. 合理运用光线

拍摄视频时，好的光线可以为视频锦上添花，而太亮或者太暗的光线则会破坏视频画面。如果发现镜头里的画面太亮或者太暗，我们可以改变位置或重新找个角度，合理运用顺光、逆光、侧光等营造想要的画面氛围。遇到光线不足的情况，最好的方法就是使用一些简单的灯光设备。

5. 合理使用运镜方式

拍摄时要注意不要用同一个焦距、同一个姿势拍完全程，画面要有一定的变化，可以通过推、拉镜头等来丰富画面。在拍摄同一个场景时也可以通过全景、中景、近景等多个景别来实现画面的切换，使画面不会显得乏味，提高观众的观看兴趣。

6. 设定曝光与对焦

使用手机拍摄视频时，很重要的一点就是使用自动曝光与对焦锁定。在部分手机中，只需用手指长按手机屏幕，屏幕就会出现一个黄色的小方框（这个小方框就是对其所框住的景物进行自动曝光与对焦锁定），这样可以避免手机在拍摄中频繁改变曝光和对焦点。否则，拍摄出来的画面会忽亮忽暗，不利于后期剪辑。当我们想接近一个物体进行拍摄时，最好使用手动对焦，只需要在屏幕中点击想要对焦的地方就可以了。

7. 寻找有创意的角度

在众多短视频的冲击之下，想要让自己的短视频脱颖而出，可以多采用一些独特的角度来拍摄有趣的画面。例如，在比较低的地方或者在与楼顶等高的地方进行拍摄，可能会获得不一样的惊喜；在拍摄主体时，在前景中加一些小物体，如一朵鲜花或者一片树叶，让画面看起来不那么沉闷。

8. 提高音频质量

不好的音频会影响视频质量。使用手机自带的话筒录制声音，人声和环境音会被同时收录到话筒中，这样人声就可能会显得较弱，容易与环境音混为一体。若想提高收音质量，在拍摄时，最好使用外置话筒单独收音，如使用指向性话筒。

9. 做好拍摄前的准备工作

在拍摄之前，我们需要检查一下手机的电量与内存，可以带上一个充电宝，还要设置好手机拍摄视频的分辨率与帧率。同时也需要做好拍摄计划，尽可能把所有事情先计划好，如拍摄地点、用时、构图、运镜方式等，提高拍摄效率，避免浪费时间。

10. 设置分辨率和帧率

为了保证视频画面的清晰，在拍摄视频之前，我们需要设置手机的分辨率和帧率两个参数。

如果使用的是苹果手机，需要在系统的【设置】选项中进行参数设置；如果使用的是安卓手机，需要在【相机】中的【设置】选项中进行参数设置。分辨率和帧率一般有 720p 30fps、1080p 30fps、1080p 60fps、4K 24fps、4K 30fps、4K 60fps，大家需要根据相机的参数设置范围进行选择。

以上参数设置完成后，因为苹果手机自带的录制视频功能不具备美颜效果，所以如果是苹果手机，可以直接点击【录制】按钮录制视频；如果是安卓手机，在录制视频之前还可以进行一定的美颜设置，设置完成后，再点击【录制】按钮录制视频。

3.3.3　使用单反 / 微单相机拍摄短视频的优势和技巧

使用手机拍摄短视频可能无法满足专业人员的需求，因此越来越多的人开始使用拥有更专业拍摄功能的单反 / 微单相机。下面介绍使用单反 / 微单相机拍摄短视频的优势和技巧。

1. 使用单反 / 微单相机拍摄短视频的优势

大家都知道单反 / 微单相机的摄影功能很强大，其实它的录像功能也同样强大。与手机和一般的相机相比，单反 / 微单相机拥有什么优势呢？下面让我们来了解一下。

◉ 丰富的镜头选择

单反 / 微单相机的镜头对于画面成像具有相当重要的作用，选择不同焦段的镜头带来的是不同的画面景别、景深关系。在画面景别上，使用长焦镜头可以拍摄更远的画面，使用广角镜头则可以拍摄更宽广的画面。不同的镜头光圈会给画面带来不同的景深效果（也就是背景虚化效果），光圈越大，背景虚化效果越强。虽然现在很多手机自带的摄像头和手机适配的镜头也可以改变焦距等，但是与单反 / 微单相机相比还是有很大的差距。

◉ 更好的画质呈现

拍摄画面画质的好坏，不仅取决于镜头，还取决于图像传感器（也叫感光元件）。图像传感器的面积关系到拍摄成像的效果，面积越大，成像的质量越好。而单反 / 微单相机的图像传感器尺寸远远超过普通的相机，这意味着单反 / 微单相机有着更高的像素采样、更广的动态范围以及更好的感光能力，所以能够呈现出更优质、细腻的画面。

2. 使用单反 / 微单相机拍摄短视频的技巧

其实使用单反 / 微单相机拍摄短视频很简单，但是对于初学者来说，想要拍摄出比较专业的效果，还需要掌握一些技巧，并需要为单反 / 微单相机配置额外的配件。

● 注意单反 / 微单相机的内存及电池

拍摄短视频之前，我们需要明确短视频的主题和内容，大概知道拍摄的时长和占用的内存，这样我们才能知道要用多大的存储卡。尤其是在拍摄商业短视频时，如果因为内存不足或者电池没有电而耽误拍摄时间，会造成一些麻烦。所以在拍摄短视频之前，我们需要把电池充满电，同时保证存储卡内存足够。

● 设置合适的短视频录制格式和尺寸

很多初学者经常拿起相机就开始拍摄，并没有提前设置相关参数，拍完之后才发现短视频尺寸不对，需要重新拍摄，这样会给后续工作造成一些麻烦和问题。

在没有特殊要求的前提下，我们通常选择 1080p 25fps 的分辨率和帧率。

● 使用 M 档曝光模式

使用单反 / 微单相机拍摄短视频时，建议使用相机的 M 档，手动设置曝光模式，这样更方便单独控制快门、光圈、感光度等参数。如果选择自动模式，在一些明暗变化较大的场景下，短视频画面会忽明忽暗，影响观看体验。

● 设置快门速度

录制短视频与拍摄静态照片的快门速度是不同的。使用单反 / 微单相机拍摄短视频时，若快门速度过快，画面会显得不流畅，出现明显的卡顿；若快门速度过慢，画面的运动状态就会模糊，画面变得不清晰。拍摄短视频时，一般将快门速度设置为拍摄帧率的 2 倍，通常帧率设为 25fps，快门速度设置为 1/50 秒。

● 设置光圈

光圈主要用于控制画面的亮度及背景虚化程度。光圈越大，画面越亮，背景虚化越强；光圈越小，画面越暗，背景虚化越弱。光圈数值越大，表示的实际光圈越小，如 f /2.8 是大光圈，f /11 是小光圈。当光圈过小、画面过暗时，我们可以用感光度来配合使用。

● 设置感光度

感光度（ISO）是控制画面亮度的一个变量。在光线充足的情况下，感光度越低越好。即使光线比较暗，感光度也不要设置得太高，因为感光度过高，画面会产生噪点进而影响画质，特别是感光度 ISO 大于 2000 时，屏幕上会出现很多闪动的小花点（这就是噪点），不仅严重影响画质，而且后期无法修复。

● 手动调节白平衡

由于拍摄短视频时会有较多的背景环境变化，使用自动白平衡会出现每个短视频片段画面颜色不一致的问题，因此我们需要手动调节白平衡及色温值（K 值）。色温可以调节画面色调的冷暖，色温值越高，画面越暖，越偏黄色；色温值越低，画面越冷，越偏蓝色。一般情况下，将色温值调到 4900～5300 即可，这个范围的色温值属于中性值，适合大部分的拍摄题材。

◉ 手动对焦

拍摄短视频时，有一大难点便是控制对焦。如果选择自动对焦，在拍摄短视频的过程中很容易出现脱焦、对焦错误等，造成已拍摄好的短视频使用不了。所以最好选择手动对焦，将对焦模式切换到手动对焦。

◉ 提高录音质量

一个好的短视频不仅要画面清晰、美观，还要保证录音质量。大多数单反 / 微单相机的内置话筒的收音效果不尽如人意，所以最好购买一只可以安装在热靴上的话筒，再配合相机内手动录音电平功能，可以大幅提升单反 / 微单相机的录音质量。如果在户外进行短视频录制，建议开启风声抑制功能，降低风噪。如果对录音的实时监听有较高的要求，建议购买带有耳机监听接口的机型，可以通过耳机实时监听录音效果。

本章习题

一、填空题

1．短视频画面构图是由_____、_____和_____三种基本元素构成的。

2．黄金分割的比值约为_____，它被公认为是最能产生美感的比例。

3．_____构图法就是利用线条将观众的视线引向画面想要表达的主要物体上。

4．景别一般可分为_____、_____、_____、_____和_____五种。

5．常见的光位有_____、_____、_____、_____和_____等。

二、选择题

1．下列属于构图的基本原则的是（　　　）。

A．构图复杂

B．画面绝对平均

C．可以在构图中寻找对角线或者放射线，让画面更具动感

D．主体必须在画面中心

2．根据景别的远近排列，下列属于从远到近的是（　　　）。

A．远景—全景—近景

B．全景—远景—近景

C．远景—近景—中景

D．远景—中景—全景

3．下列对光质的描述，属于软质光的特点的是（　　　）。

A．强烈的直射光

B．突出被摄主体的立体感，表现被摄主体的细节及质感

C．光线柔和，形成的影像反差不大，主体感和质感较弱

D．明暗对比强烈，立体感强

4．下列属于框架构图法的是（　　　　）。

A.

B.

C.

D.

三、简答题

1．列举五种运镜技巧。

2．简述三灯布光法并画出示意图。

3．简述有哪些拍摄方向和拍摄角度。

第4章

短视频的
后期制作

短视频创作者需要对前期拍摄的素材进行剪辑，如添加音乐、文字、特效等，才能制作出优质的短视频。本章讲述短视频剪辑的基本原则，以及使用剪映App和Premiere剪辑短视频的方法。

关于本章知识，本书配套的教学资源可在人邮教育社区下载使用，教学视频可直接扫描书中二维码观看。

4.1 后期剪辑基本原则

后期剪辑是制作优质短视频作品不可或缺的环节，剪辑的好坏关系到短视频的最终效果，通过精良的剪辑甚至可以起到超越预期效果的作用。下面介绍基本的剪辑技巧和原则。

4.1.1 镜头组接

短视频剪辑，并不是将素材掐头去尾地连接起来，也不是将镜头组接起来就完成了剪辑任务。这样剪辑出来的短视频往往会出现各种各样的情况，如动作不流畅、情绪不连贯、时空不合理、剧情衔接缺少镜头和光影色彩不协调等。要想通过剪辑让这些不合理、不完善的地方合理化、完善化，则需要遵循相关原则。后期剪辑的基本原则如下。

1. 镜头组接要符合逻辑

镜头的组接不是随意的。事物的运动状态有必然的发展规律，人们也习惯按这一发展规律认识问题、思考问题。因此，镜头的组接要符合事物发展的逻辑，符合人们的生活认识和思维逻辑。

2. 遵循镜头调度的轴线规律

轴线是指被摄主体的视线方向、运动方向和不同对象之间所形成的一条假想的直线或曲线。轴线规律则是在拍摄过程中设置摄像机机位的时候应该遵循的原则。

在拍摄的时候，如果相机或手机的位置始终在主体运动轴线的同一侧，那么构成画面的运动方向、放置方向是一致的，否则就是"跳轴"。跳轴会使画面出现方向性混乱，让观众产生空间错乱的感觉。除了特殊需要以外，一般不使用跳轴的画面，因为跳轴的画面是无法组接的。正确运用轴线规律，正确处理镜头之间的方向关系，才能使观众对各个镜头所要表现的空间有一个完整的、统一的感觉。

3. 景别的过渡要自然、合理

在剪辑同一被摄主体的两个相邻镜头时，要组接得合理、顺畅，景别必须有明显的变化，否则会让观众觉得画面跳帧了。当景别变化不明显时，则需要改变视角，即改变摄像机的机位，否则画面也会跳帧。切忌同主体、同景别、同视角的镜头直接组接，否则会导致视频画面无明显变化。

4. 动接动，静接静

如果两个画面中同一主体或不同主体的动作是连贯的，可以动作接动作，达到顺畅、简洁过渡的目的，简称为"动接动"。如果两个画面中的主体运动是不连贯的，或者主体运动过程中有停顿，那么这两个镜头的组接，必须在前一个镜头中主体做完一个完整动作停下来后，接上一个从静止到开始运动的镜头，这就是"静接静"。"静接静"组接时，前一个镜头结尾停止的片刻叫作"落幅"，后一个镜头运动前静止的片刻叫作"起幅"，起幅与落幅时间间隔一般为 1 ~ 2s。运动镜头和固定镜头组接，同样需要遵循这个规律。如果一个固定镜头要接一个摇镜头，则摇镜头开始要有起幅；相反，一个摇镜头接一个固定镜头，那么摇镜头要有落幅，否则画面就会给人一种跳动的视觉感。

5. 镜头组接的影调、色彩统一

影调是相对于黑的画面而言的。黑的画面中的景物，无论原来是什么颜色，都是由许多深浅不同的黑白层次组成软硬不同的影调来表现的。对于彩色画面来说，除了要考虑影调问题还要考虑色彩问题。无论是黑白还是彩色的画面组接都应该保持影调、色彩的一致性。如果把明暗或者色彩对比强烈的两个镜头组接在一起（除了特殊的需要外），就会使人感到生硬和不连贯，影响内容表达。

6. 注意镜头组接的时间长度

每个镜头停留时间的长短，首先根据要表达的内容难易程度、观众的接受能力来决定，其次还要考虑到画面构图等因素。选择的景物不同，画面包含的内容也不同，远景、中景等镜头大的画面包含的内容较多，观众要看清楚这些画面的内容，画面停留时间就相对长些。而对于近景、特写等镜头小的画面，所包含的内容较少，观众只需要较短时间就可看清，所以画面停留时间可短些。另外，一幅或者一组画面中的其他因素，也对画面停留时间起制约作用。在同一幅画面中，亮度高的部分比亮度低的部分更能引起人们的注意。因此，如果要表现该幅画面亮的部分，停留时间应该短些；如果要表现该幅画面暗的部分，则停留时间应该长一些。在同一幅画面中，动的部分比静的部分先引起人们的注意。因此，如果要重点表现动的部分，画面停留时间要短些；如果要重点表现静的部分，则画面停留时间应该稍微长一些。

7. 把握镜头组接的节奏

短视频的题材、风格、情节，以及人物的情绪等是决定短视频节奏的依据。短视频的节奏除了通过演员的表演、镜头的转换和运动、音乐的配合、场景的时间和空间变化等因素体现外，还需要运用组接手段，严格控制镜头的数量，调整镜头顺序，删除多余的枝节才能体现。也可以说，镜头组接的节奏是短视频节奏的最后一个组成部分。安排短视频的任何一个情节或一组画面，都要从作品表达的内容出发。如果在一个宁静、祥和的环境里用了快节奏的镜头转换，就会使观众觉得突兀、跳跃，难以接受。在一些节奏强烈、激动人心的场面中，就应该考虑到种种冲击因素，使镜头的变化速度与观众的心理预期一致，以调动观众的情绪。

8. 镜头组接的方法

镜头的组接除了要依据光学原理外，还可以通过衔接规律，使镜头之间直接切换，让情节更加自然顺畅。下面介绍几种有效的镜头组接方法。

（1）连接组接：用相连的两个或者两个以上的一系列镜头表现同一主体的动作。

（2）队列组接：相连镜头但不是同一主体的组接。由于主体的变化，下一个镜头主体的出现会让观众联想到前后画面的关系，起到呼应、对比、隐喻、烘托的作用。这一镜头组接方法往往能够创造性地揭示出一种新的含义。

（3）黑白格的组接：会形成一种特殊的视觉效果，如闪电、爆炸、照相馆中的闪光灯效果等。组接的时候，我们可以将需要的闪亮部分用白色画格代替，在表现车辆相撞的瞬间时组接若干黑色画格，或者在合适的时候采用黑白相间画格，这有助于加强影片的节奏、渲染气氛、增强悬念。

（4）两级镜头组接：是由特写镜头直接跳到全景镜头或者从全景镜头直接切换到特写镜头的组接方式。这种方法能使情节的发展在动中转静或者在静中变动，突然变化节奏，给观众带来强烈的冲击，产生特殊的视觉和心理效果。

（5）闪回镜头组接：是采用闪回镜头的组接方式，如插入人物回想往事的镜头。这种组接方法可以用来揭示人物的内心变化。

（6）同镜头分析：将同一个镜头分别用在几个地方。运用该种组接方法，往往出于这样的考虑：所需要的画面素材不够；有意重复某一镜头，用来表现某一人物的情思和追忆；为了强调某一画面所特有的象征性含义，以引发观众的思考；为了首尾相互呼应，从而给人一种完整而严谨的感觉。

（7）拼接：有些时候，我们虽然拍摄多次，拍摄的时间也相当长，但可以用的镜头却很少，达不到我们所需要的量。在这种情况下，如果有同样或相似的镜头，我们就可以使用其中可用的部分拼接，以完善画面。

（8）插入镜头组接：这是在一个镜头中间，插入另一个表现不同主体的镜头的组接方式。例如，在一个人正在马路上走着或者坐在汽车里向外看的镜头中间，插入一个代表人物视线的镜头（主观镜头），以表现该人物意外地看到了什么或产生的联想。

（9）动作组接：借助人物、动物、交通工具等的可衔接性以及动作的连贯性、相似性，作为转换镜头的手段。

（10）特写镜头组接：上一个镜头以某一人物的某一局部（头或眼睛）或某个物件的特写画面结束，然后从这一特写画面开始，逐渐扩大视野，展示另一情节。这是为了在观众注意力集中在某一个人的表情或者某一事物的时候，在不知不觉中转换场景和叙述内容，而不使人产生画面陡然跳动的不适感。

（11）景物镜头的组接：在两个镜头之间借助景物镜头作为过渡，主要有两种方式。一种是组接以景为主、物为陪衬的镜头，这种方式可以展示不同的地理环境和景物风貌，也可以表示时间和季节的变换，是以景抒情的表现手法；另一种是组接以物为主、景为陪衬的镜头，这种方式往往作为转换镜头的手段。

镜头的组接方法是多种多样的。创作者按照自身意图，根据情节和需要进行选择，其不受具体规定的影响。

4.1.2 画面转场

一个完整的短视频作品由多个情节段落组成，每一个情节段落则由若干个蒙太奇镜头段落（或称蒙太奇句子）组成，每一个蒙太奇镜头段落又由一个或若干个镜头组成。场面的转换包括镜头之间的转换，同时也包括蒙太奇镜头段落之间的转换和情节段落之间的转换。为了使短视频内容的条理性更强、层次更清晰，在场面与场面之间的转换中，需要

4-1　画面转场

使用一定的方法。转场的方法多种多样，但通常可以分为两类，一类是用特技手段转场，另一类是用镜头的自然过渡转场，前者也叫技巧转场，后者又叫无技巧转场。

1. 技巧转场

技巧转场是通过电子特技切换台或后期软件中的特技技巧，对两个画面的剪接进行特技处理，从而完成场景转换的方法。利用特技技巧完成两个画面之间的切换，作用是使观众明确意识到镜头与镜头间、场景与场景间、节目与节目间的间隔、转换或停顿，以及使转换平滑并制造一些直接切换不能产生的效果。技巧转场的方法一般用于短视频情节段落之间的转换，它强调的是心理的隔断性，目的是使观众有较明确的段落感觉。由于电子特技机、非线性编辑系统的发展，当前特技转换的手法有数百种之多，但归纳起来主要有以下几种形式。

○ 淡出淡入

淡出淡入也称为"渐隐渐显"。淡出是指上一段落最后一个镜头的画面逐渐隐去直至黑场，淡入是指下一段落第一个镜头的画面逐渐显现直至亮度正常。

淡出淡入往往给观众一种间歇、场面重新开始的感觉，一般用于大段落转换，表示时间有一个大的中断，可以让观众有时间品味，或者为下面出现的内容做心理准备，或者对刚看到的内容做一番思考。淡出淡入也是切入新场景比较常用的一种转场技巧。

○ 叠化

叠化也称"化出""化入""溶化"。叠化是指前一个镜头的画面与后一个镜头的画面相叠加，前一个镜头的画面逐渐隐去，后一个镜头的画面逐渐显现的过程。根据内容的需要，叠化的过程可快可慢。叠化具有柔和、自然的特点，一般可用于较为缓慢、柔和的时空转换。例如，要表现一段抒情的舞蹈动作，不能将舞者一连串的动作，直接从一个镜头切到另一个镜头，因为这样会显得跳跃，不利于表现舒缓的节奏。而如果采用叠化，可以使转场更加平滑，从而具有很好的视觉效果。由于叠化能够呈现柔和、舒缓的表现效果，所以当镜头质量不佳时，可以借助这种转场方法来掩盖镜头的缺陷。

叠化主要有四种作用：一是用于时间的转换，表示时间的消逝，常用于组接人物的回忆，季节的更替，人物从少年、中年到老年的成长历程等。例如，两个画面都是手表的特写，前一个手表的时针指在 6 点，后一个手表的时针指在 12 点，前一个画面渐渐融入后一个画面，自然地反映了一段时间跨度。二是用于空间的转换，表示空间已发生变化。三是表现梦境、

想象、回忆等插叙、回叙场景。四是表现景物变幻莫测、目不暇接。

◎ 划像

划像可分为"划出""划入"两种。划出即前一个画面从某一个方向退出画框，空出的地方则由叠放在"底部"的后一个画面占据；划入则是前一个画面作为衬底留在画框中，后一个画面从某一方向进入，将前一个画面取而代之。

划像具有分隔两个场景的作用，段落之间的转换比较明显，节奏明快，与叠化的效果相反。因为划像的效果非常明显，所以一般用于较大的段落之间的场景转换。随着电子持技手段及后期软件特技的不断开发，划像的方式已经达到上百种，除了上、下、左、右方向的划像之外，还有星形、圆形等几何图形的划像。但划像图形的选择要符合影片内容、风格的需要，不要盲目追求过于花哨的手法，或者滥用划像，否则会适得其反。

◎ 翻转

翻转指画面翻转过后，背面是另一个场景。翻转可以使场景转换的间隔作用明确表现出来，多用于内容反差较大的对比性场景的画面转换，如前一个画面是低矮的平房，画面翻转后变成高楼大厦。翻转还常用于文艺、体育活动的剪辑，可以表现一个又一个场景的文艺演出、体育赛事等。例如，体育片中，运动员在长跑；翻转画面，运动员在跳高；再翻转画面，运动员在跳远；再翻转画面，运动员在掷铁饼等。运用这种方法组接镜头可使影片的节奏变得明快。再如文艺晚会的录像，片头要以最短的篇幅向观众展示晚会的演员阵容等，运用翻转最为适宜。

◎ 定格

定格是将画面中运动的主体突然变成静止状态，使人产生瞬间的视觉停顿感，从而强调某一主体形象，或强调某一细节的含义。定格结束，自然转入下一个场景。定格多用于差别较大、不同主题段落间的转换，或用于连续性剧情的片尾。由于定格画面由动变静，会给观众带来较强的视觉冲击，所以定格在一般性转场中很少用到。

◎ 闪白加快

闪白的过程是前一个清晰的具体影像画面逐渐变全白，再由全白逐渐显现出下一个清晰的影像画面。闪白加快有掩盖镜头剪辑点、增强视觉跳动的作用，让人感觉就像光学变化，让片段看起来不单调，而且最好保持即使在全白的时候也隐约有东西可见（即不采用纯白的单色）。

◎ 多画屏分割

多画屏分割有多画屏、多画面、多画格和多银幕等多种叫法，是近代影视艺术的新手法。把屏幕一分为多，可以使双重或多重的情节齐头并进，大大压缩了时间，非常适用于短视频开场、广告创意等场合。例如，在电话场景中，打电话时，两边的人都有镜头；打完电话后，没有打电话人的镜头，但有接电话人的镜头。

2. 无技巧转场

无技巧转场是指场面的过渡不依靠后期的特效，而是在前期拍摄时在镜头内部埋入一些线索，使两个场面实现视觉上的流畅转换，即不用技巧手段来承上启下，而是用镜头的自然过渡来连接两段内容。这种自然的过渡建立在选择合适镜头的基础上。在连接处，通过一两个合适的镜头自然地承上启下，这在一定程度上加快了短视频内容的节奏，同时也可体现出创作者的巧妙构思与创作技巧。无技巧转场主要适用于蒙太奇镜头段落之间的转换和镜头之间的转换。常用的无技巧转场方式如下。

◯ 利用相似性因素

相似性因素是指前后镜头具有相同或相似的主体，或者物体形状相近、位置重合，以及在运动方向、速度、色彩等方面具有一致性。利用相似性因素可以达到内容连续、转场顺畅的目的。

事物之间有众多的相似性关联。例如，前一个镜头人物在教室里将磁带塞进录像机，画面内有一台录像机；下一个镜头从录像机的影像拉开，人物已在家里。又例如，上一个镜头是果农在果园里采摘苹果，下一个镜头是其挑选苹果特写，但是场地已变成了农贸市场。巧妙运用前后镜头的相似性关联，减少视觉变动元素，符合人们逐步感知事物的规律，也能自如转换场面。

◯ 利用承接因素

利用前后镜头之间造型和内容上的呼应、动作连续或者情节连贯的关系，可以使段落过渡顺理成章。有时，利用承接因素还可以制造错觉，使场面转换既流畅又有戏剧效果。寻找承接因素是逐步递进式剪辑的常用方式和基本技巧。

例如，上一段落主人公准备去车站接人，镜头立即切换到车站外景，开始了下一段落，这是利用情节关联直接转换场景。

◯ 两级镜头转场

两级镜头转场是利用前后镜头在景别、动静变化等方面的巨大反差和对比，来形成明显的段落间隔，这种方法适用于大段落的转换。其常见方式是两种景别的运用，由于前后镜头在景别上的对比，所以能制造明显的间隔效果，段落感强。两级镜头转场属于镜头跳切的一种，有助于加强节奏。

在纪录片类型的短视频中，两级镜头转场是区分段落的有效手段，它可以省略无关紧要的过程，利用在动中转静或在静中变动来赋予观众强烈的直观感受。一般来说，前一段落大景别结束，下一段落小景别开始，叙述节奏加快，场面转换有力；反之，前一段落小景别结束，后一段落大景别开始，段落分隔效果明显，叙述节奏相对从容。

◯ 声音转场

声音转场是指用音乐、音响、解说词、对白等配合画面实现转场。利用解说词承上启下、贯穿上下镜头是编辑电视剧的基础手段，也是转场的惯用方式。

尽管音乐、音响、解说词、对白等是不同的声音形式，其性质、功能都不相同，但是它们都可以通过以下几种方式达到转场效果。

（1）利用声音过渡的和谐性自然转换到下一段落。其主要方式是声音的延续、声音的提前进入、前后段落声音相似部分的叠化。利用声音的吸引作用，弱化了画面转换、段落变化时的视觉跳动。例如，在一部关于新法出台的调查性节目中，前一段落是两会现场，最后镜头是全场掌声雷动；后一段落是某代表团讨论该法，开始镜头是代表们鼓掌赞同，下一位代表开始发言；两个段落之间以一个会议室外长廊移动镜头为过渡，前掌声延续减弱，后掌声提前，并与前掌声叠和，随着镜头进入会场，掌声也渐响。在这里，转场镜头和转场声音起到了承上启下的作用，过渡清楚、段落分明，同时依靠相似的声音作用，转换自然，也渲染了大会热烈的气氛。

（2）利用声音的呼应关系实现时空大幅度转换。例如，电影《紫色》中，上一段落夏普父亲不同意他结婚，最后镜头是已怀孕的未婚妻在门口大叫夏普，夏普正面对父亲犹豫，不敢回头应答；下一段落开始，夏普回头应答"我同意"，此时已在婚礼现场，孩子也已出生了。一喊一答，加之回头动势，带来了戏剧性效果，实现了跨越时空的目的。

（3）利用前后声音的反差，加大段落间隔，加强节奏性。其表现常常是某声音戛然而止，镜头转换到下一段落，或者后一段落声音突然增大或出现，利用声音吸引力促使人们关注下一段落。例如，上一段落是一个人在家安静地学习，下一段落是热闹的足球场上的比赛，突然出现的比赛现场的嘈杂声加大了与上一段落的间隔，镜头切入球场上的比赛。

◉ 空镜转场

借助景物镜头作为两个大段落的间隔。景物镜头大致包括以下两类。

一类是以景为主、物为陪衬的镜头，如群山、山村全景、田野、天空等。用这类镜头转场既可以展示不同的地理环境、景物风貌，又能表现时间和季节的变化。纪录片《龙脊》《空山》中都利用四季更替间农作物、环境的变化来转场，并且将其作为结构性元素使用，将故事发展的各个环节有机地串联在一起。

景物镜头也是借景抒情的重要手段，它可以弥补叙述性素材本身在表达情绪上的不足，为情绪爆发提供空间，同时又使高潮情绪得以缓和、平息，从而转入下一段落。

另一类是以物为主、景为陪衬的镜头。例如，在镜头前飞驰而过的火车、街道上的汽车以及如室内陈设、建筑雕塑等静物。一般来说，常选择在这些镜头挡住画面或呈特写状态时作为转场时机。例如，前一个段落考试在即，一个准备考音乐学院的女孩在刻苦练琴；下一个段落她去考试。两个段落之间的转场镜头可以是大街上汽车驶过，小女孩在大街上走向考试点的镜头，也可以是考场大楼外景，接她在弹奏的镜头等。具体镜头的选择应与前后镜头的内容、情绪相关联，同时还要考虑与画面造型匹配的问题。例如，大街上汽车驶过，就跳接考试，则这个汽车转场镜头就不合情理。但是汽车驶过，接女孩走向考点镜头，或者接大街街景、考场大门等镜头，则镜头依次承接，意义就明确，同时又完成了转场。

○ 利用主观镜头

主观镜头是指借人物视觉方向所拍的镜头，可用于大时空转换。用主观镜头转场就是按前后镜头间的逻辑关系来处理场面转换问题。例如，前一镜头是人物抬头凝望，下一镜头可能就是所看到的场景，甚至是完全不同的事物、人物，如一组建筑，或者其远在千里之外的父母。

○ 挡黑镜头

挡黑镜头是指镜头被画面内某形象暂时挡住。依据遮挡方式的不同，挡黑大致可分为两类情形：一是主体迎面而来挡黑摄像机镜头，形成暂时黑画面；二是画面内前景暂时挡住画面内其他物体形象，成为覆盖画面的唯一形象。例如，开始镜头，在大街上，前景中汽车驶过，可能会在某一片刻挡住其他形象。当画面被挡黑时，一般也是镜头切换点，它通常表示时间、地点的变化。主体被挡黑通常在视觉上能给人以较强的冲击，同时制造视觉悬念，而且由于省略了过场戏，加快了画面的叙述节奏。例如，前一段落在甲地点的主体迎面而来挡黑镜头，下一段落主体背朝镜头而去，已到达了乙地点。

在电影《有话好好说》中，有这么一段内容：开始镜头，男主人公在大街上等待女朋友，他在百无聊赖地东张西望；下一镜头，前景中汽车驶过，他在吃西瓜；再下一个镜头，汽车再驶过，他在吃盒饭；最后一个镜头，汽车驶过，画面转到其女朋友的家中。

○ 特写转场

特写具有强调画面细节的作用，能暂时集中人的注意力，因此特写转场可以在一定程度上弱化时空或段落转换的视觉跳动。在电视剧的编辑中，特写常常作为转场不顺的补救手段，前面段落的镜头无论以何种方式结束，下一段落的开始镜头都可以从特写开始。

○ 利用运动镜头或动势

可以利用移动摄像机或者前后镜头中人物、交通工具等的动势的可衔接性及动作的相似性，作为场景或时空转换的手段。这样的转场技巧由于具有运动的冲力和本身的连贯性，所以一旦找准前后镜头主体动作的剪接点，场景转换就会非常顺畅。这种转场方式大多强调前后段落的内在关联性，因此在前期拍摄中，就可以加以设计。例如，从一组代表了历史故事的画像摇到采访者身上，历史故事的讲述也随之转为对当事人的采访；从小院内景摇至院外高楼，由此转换了空间；从走廊上正在下棋的人群摇到房间内正在学习的人；由某形象摇至天空，通常意味着上一段落的明确结束，段落间隔较明显。

在利用运动转场的技巧中，出画、入画也是转换时空的重要手段。这种方式常用于表现大幅度空间变化。例如，让人物从前一镜头走出画面，再从另一环境的镜头中走入画面，如从办公室到大街、从甲处到乙处。同样，也可以让前一镜头人物出画，后一镜头人物已在画中，如前一镜头中人物走出家门，下一个镜头他已在大街上。这里，出画代表暂时结束，入画代表新的开始，因此出画、入画可以比较协调地将不同空间联系在一起。究竟采用哪一种方式，需要依据素材而定，而且还要考虑省略的时间因素。一般来说，出画时间越长，距实际空间、时间越远，叙述节奏相对舒缓，段落间隔也较明显。

4.1.3　蒙太奇剪辑

1. 蒙太奇的含义

蒙太奇（法语：Montage）是音译的外来语，原为建筑学术语，意为构成、装配，电影发明后又在法语中引申为"剪辑"。蒙太奇包括画面剪辑（将一系列在不同地点、从不同距离和角度、以不同方法拍摄的镜头排列组合起来，叙述情节、刻画人物）和画面合成（由许多画面或图样并列或叠化而成的一个统一的图画作品）两方面，当不同的镜头组接在一起时，往往会产生各个镜头单独存在时所不具有的含义。例如，卓别林把工人赶进厂门的镜头，与被驱赶的羊群的镜头衔接在一起；普多夫金把春天冰河融化的镜头，与工人示威游行的镜头衔接在一起，就使原来的镜头表现出新的含义。又如，把以下 A、B、C 三个镜头以不同的次序连接起来，就会出现不同的内容与意义。

A. 一个人在笑；B. 一把手枪直指着；C. 同一个人脸上露出惊惧。这三个特写镜头会给观众留下什么样的印象呢？

如果用A—B—C次序连接，会使观众感到那个人是个懦夫、胆小鬼。然而，镜头内容不变，只要把上述镜头的顺序改变一下，则会得出与此相反的结论。

C. 一个人的脸上露出惊惧；B. 一把手枪直指着；A. 同一个人在笑。如果用 C—B—A 的次序连接，那么这个人的脸上露出了惊惧的原因是有一把手枪指着他。可是当他考虑了一下，觉得没有什么了不起，于是他笑了——在死神面前笑了。因此，他给观众的印象是一个勇敢人。

"蒙太奇就是影片的连接法，整部片子有结构，每一章、每一大段、每一小段也要有结构，在电影上，这种连接的方法叫作蒙太奇。实际上，也就是将一个个的镜头组成一个小段，再把一个个的小段组成一大段，再把一个个的大段组织成为一部电影。这中间并没有什么神秘，也没有什么诀窍，合乎理性和感性的逻辑，合乎生活和视觉的逻辑，看上去顺当、合理、有节奏感、舒服，这就是高明的蒙太奇；反之，就是不高明的蒙太奇了。"这是一段深入浅出、通俗易懂的对蒙太奇的说明与阐述。

蒙太奇最早被延伸到电影艺术中，后来逐渐在视觉艺术等衍生领域被广泛运用。

2. 蒙太奇的作用

（1）通过镜头、场面、段落的分切与组接，对素材进行选择和取舍，以使表现内容主次分明，达到高度概括。

（2）引导观众的注意力，激发观众的联想。每个镜头虽然只表现一部分的内容，但组接一定顺序的镜头，便能够引导观众的情绪，启发观众思考。

（3）创造独特的影视时间和空间。每个镜头都是对现实时空的记录，经过剪辑，实现对时空的再造，形成独特的影视时空。通过蒙太奇手段，影片的叙述在时间、空间的运用上取得极大的自由。一个化出、化入的技巧就可以在空间上从巴黎跳到纽约，或者在时间上跨过几十年。而且，两个不同空间的运动的并列与交叉，可以制造紧张的氛围，或者表现分处两地的人物之间的关系，如分处两地的恋人。不同时间的镜头可以描绘人物过去的心理经历与其当前的内心活动之间的联系。但需要注意的是，蒙太奇的应用不能过多，否则会令人乏味；也不能过少，否则会让人感觉仓促。

（4）使影片自如地交替使用叙述的角度，如从创作者的客观叙述转为人物内心的主观表现，或者转为通过人物的眼睛看到某种事态。没有这种交替使用叙述的角度，影片内容的叙述就会单调、笨拙。

（5）通过镜头更迭运动的节奏影响观众的心理。

3. 蒙太奇的分类

蒙太奇具有叙事和表意两大功能，据此，我们可以把蒙太奇大致分为三种类型：叙事蒙太奇、表现蒙太奇和理性蒙太奇。第一种是叙事手段，后两种主要用以表意。

◯ 叙事蒙太奇

叙事蒙太奇由美国电影大师格里菲斯率先使用，是影片中最常用的叙事方法之一。它的特征是以交代情节、展示事件为主旨，按照情节发展的时间顺序、因果关系来分切组合镜头、场面和段落，从而引导观众理解剧情。这种蒙太奇的组接脉络清晰、逻辑连贯、通俗易懂。叙事蒙太奇又分为以下几种类型。

（1）平行蒙太奇

平行蒙太奇常以不同时空或同时异地发生的两条或两条以上的线索并列表现，分头叙述而统一在一个完整的结构之中。平行蒙太奇应用广泛，原因是：首先，运用这种手法处理剧情，可以删减过程以利于概括集中，节省篇幅，扩大影片内容的信息量，并加强内容叙事节奏；其次，由于这种手法是几条线索并列表现的，相互烘托，形成对比，易于产生强烈的艺术感染效果。例如，电影《云图》中就运用了平行蒙太奇手法，将六个不交叠的时空的故事穿插剪辑在一起，观众可以从中看出故事间的联系，体会六个故事共同传达的一个核心的价值观、一种哲学观、一种思想。影片《非诚勿扰》中秦奋在闲暇之余，不断进行相亲，表现了他在那段时间的生活状态；与《云图》不同的是，《非诚勿扰》讲的是一个主体人物，他在相亲的同时也在进行着自己的生活。

（2）交叉蒙太奇

交叉蒙太奇又称交替蒙太奇，它将同一时间不同地域发生的两条或数条线索迅速而频繁地交替剪接在一起，其中一条线索的发展往往影响其他线索，各条线索相互依存，最后汇合在一起。这种剪辑技巧极易引起悬念，制造紧张、激烈的气氛，加强矛盾、冲突的尖锐性，是带动观众情绪的有力手法。惊险、恐怖和悬疑等类型的短视频常用此方法制造追逐和惊险的场面。例如，《南征北战》中抢渡大沙河一段，将我军和敌军急行奔赴大沙河以及游击队炸水坝两条线索交替剪接在一起，表现了那场惊心动魄的战斗；《模仿游戏》中图灵等人运作图灵机尝试破解敌方电报与前线战场战况惨烈交叉剪辑，表现破解电报迫在眉睫，两条线索互相依存，营造紧张气氛；《指环王 3：王者无敌》结尾处为了营造紧张、激烈的气氛，把魔戒争夺和正义军团大战魔军的场景频繁交替剪接。

（3）颠倒蒙太奇

颠倒蒙太奇是一种打乱结构的方式，即先展现故事或事件的当前状态，再介绍故事的始末，表现为事件"现在"与"过去"的重新组合。它常借助叠印、划变、画外音、旁白等转入倒叙。运用颠倒式蒙太奇，打乱的是事件顺序，但时空关系仍需交代清楚，叙事仍应符合逻辑关系，事件的回顾和推理都以这种方式展开。例如，《神探夏洛克》中经常使用颠倒蒙太奇手法，在夏洛克分析案件时，通过剪辑将时间线重构，令叙事与推理过程更加扣人心弦。

（4）连续蒙太奇

连续蒙太奇不像平行蒙太奇或交叉蒙太奇那样多线索同时发展，而是沿着一条单一的线索，按照事件的逻辑顺序，有节奏地连续叙事。这种叙事方式自然流畅、朴实平顺，但由于缺乏时空与场面的变换，无法直接展示同时发生的情节，难以突出各条线索之间的对列关系，不利于概括，易有拖沓、冗长、平铺直叙之感。因此，连续蒙太奇很少单独使用，多与平行蒙太奇和交叉蒙太奇配合使用。

◯ 表现蒙太奇

表现蒙太奇以镜头对列为基础，通过相连镜头在形式或内容上相互对照、冲撞，从而产生单个镜头本身所不具有的丰富含义，以表达某种情绪或思想。其目的在于激发观众联想，启发观众思考。表现蒙太奇分为以下四种类型。

（1）抒情蒙太奇

抒情蒙太奇是指在保证叙事和描写的连贯性的同时，表现超越剧情的思想和情感。最常见、最易被观众感受到的抒情蒙太奇，往往在一段叙事场面之后，恰当地切入象征情感的空镜头。例如，在影片《入殓师》中伴随着悠扬的大提琴配乐，在短短的几分钟内贯穿了四个仪式、一段葬礼、美丽的白天鹅、雪山风光等场景。这段抒情蒙太奇剪辑节奏舒缓，通过空镜头以及配乐传达出了温情、神圣、欢乐和感动等情绪。

（2）心理蒙太奇

心理蒙太奇是人物心理描写的重要手段，它通过画面镜头组接或声画有机结合，形象、生动地展示出人物的内心世界，常用于表现人物的梦境、回忆、闪念、幻觉、遐想、思索等精神活动。这种蒙太奇在剪接技巧上多用交叉、穿插等手法，其特点是画面和声音形象的片段性、叙述的不连贯性和节奏的跳跃性，声画形象带有剧中人强烈的主观性。

（3）隐喻蒙太奇

隐喻蒙太奇通过镜头或场面的对列进行类比，含蓄而形象地表达创作者的某种寓意。这种手法往往将不同事物之间某种相似的特征突现出来，以引起观众的联想，使观众领会创作者的寓意，领略事件的情绪色彩。隐喻蒙太奇将高度概括的内容和极度简洁的表现手法相结合，往往具有强烈的情绪感染力。不过，运用这种手法应当谨慎，隐喻与叙述应有机结合，避免生硬、牵强。

（4）对比蒙太奇

对比蒙太奇类似文学中的对比描写，即通过镜头或场面之间在内容（如贫与富、苦与乐、生与死、高尚与卑鄙、胜利与失败等）或形式（如景别大小、色彩冷暖、声音强弱、动静等）的强烈对比，产生相互冲突的作用，以表达创作者的某种寓意或强化所表现的内容和思想。例如，在影片《芝加哥》中，监狱里唯一一个无辜的匈牙利女人被冤判死刑，受刑场景与芭蕾舞表演进行对比，匈牙利女人的痛苦与台下喝彩、鼓掌的观众形成强烈反差，极具讽刺意味。除了使用对比蒙太奇外，该电影还使用了交叉蒙太奇、隐喻蒙太奇等手法，多种表现手法混合使用，极具震撼力。

⊙ 理性蒙太奇

理性蒙太奇与连贯性叙事的区别在于，即使它的画面属于实际经历过的事件，但按这种蒙太奇方式组合在一起的事实是主观视像。理性蒙太奇可划分为以下三种类型。

（1）杂耍蒙太奇

杂耍蒙太奇是一个特殊的技法。运用这一方法是为了向观众传达创作者想表达的思想，使观众进入引起这一思想的精神状态或心理状态中，以造成情感的冲击。这种手法在内容上可以随意选择，不受原剧情约束，促使达到最终能说明主题的效果。与表现蒙太奇相比，这是一种更注重理性、更抽象的蒙太奇形式。为了表达某种抽象的理性观念，往往会接入某些与剧情不相干的镜头，如影片《十月》中表现孟什维克代表居心叵测的发言场景时，插入了弹竖琴的手的镜头，以说明其"老调重弹，迷惑听众"。

（2）反射蒙太奇

反射蒙太奇不像杂耍蒙太奇那样为表达抽象概念插入与剧情毫无关联的象征画面，而是所描述的事物和用来做比喻的事物同处一个空间，它们互为依存——或是为了与该事件形成对照，或是为了确定组接在一起的事物之间的反应，或是为了通过反射联想揭示剧情中包含的类似事件，以此作用于观众的感官和意识。例如，影片《十月》中，克伦斯基在部长们的簇拥下来到冬宫，一个仰拍镜头表现了他头顶上方的一根画柱，柱头上有一个雕饰，它仿佛是罩在克伦斯基头上的光环，使独裁者显得无上尊荣。这个镜头之所以不显生硬，是因为爱森斯坦利用的雕饰是存在于真实的戏剧空间中的一件实物，他进行了加工处理，但没有引入与剧情不相干的物像。

（3）思想蒙太奇

思想蒙太奇是一种抽象的形式，因为它只表现一系列思想和被激发的情感。这一手法在银幕和观众之间产生了一定的"间离效果"，即观众看戏，但并不融入剧情，所以观众是理性的。

4.2　使用剪映 App 剪辑

剪映 App 是抖音官方推出的一款手机视频编辑应用，带有全面的剪辑功能，支持多种滤镜效果，并拥有丰富的曲库资源。下面介绍使用剪映 App 剪辑短视频的方法。

4.2.1 添加视频素材并修剪素材

STEP 01 打开剪映App，1在【剪辑】页面中点击【开始创作】按钮，如图4-1所示，2选中要剪辑的视频，3点击【添加】按钮，如图4-2所示。

4-2 添加视频
素材并修剪素材

图 4-1　　　　　　　　　　图 4-2

STEP 02 进入视频剪辑界面后，两指拉伸或捏合视频条或时间轴空白区域，可以放大或缩小时间轴。手指在视频条或时间轴空白区域左右滑动，可以滑动观看视频素材。若要调整视频素材的位置，可以长按视频素材，然后拖动进行调整。

STEP 03 选中视频素材，1将时间线定位到需要修剪的位置，2点击【分割】选项，如图4-3所示，3选中不需要的视频素材，4点击【删除】选项，即可删除不需要的素材，如图4-4所示。

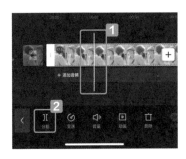
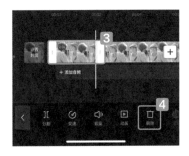

图 4-3　　　　　　　　　　图 4-4

4.2.2 添加动画和转场效果

STEP 01 1选中视频素材，2点击【动画】选项，如图4-5所示，3可以看到动画分为【入场动画】【出场动画】【组合动画】三种。点击【入场动画】选项，如图4-6所示，4.点击【渐显】选项，可以看到视频入点出现了一小段绿色覆盖的区域，覆盖的区域即为动画长度，5.滑动下方【动画时长】可以改变时长，根据具体情况而定，6.点击【√】按钮，如图4-7所示。【出场动画】的设置方法与【入场动画】一致，7.点击【组合动画】选项，点击【旋转降落】选项，可以看到整段视频都覆盖了黄色，如图4-8所示，即默认整段视频都使用该效果。虽然可以改变动画长度，但建议不要更改时长，否则动画结束而视频还未结束，效果会大打折扣。

4-3　添加动画和转场效果

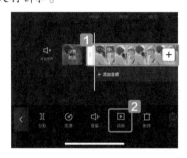

图 4-5

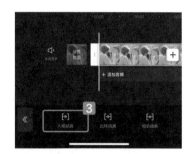

图 4-6

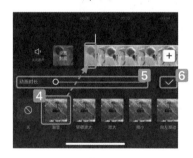

图 4-7

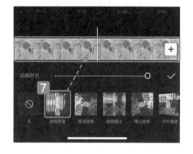

图 4-8

STEP 02 选中视频素材，在界面下方点击【滤镜】选项，在打开的界面中，选择所需要的滤镜效果。如果多个片段都使用同一个滤镜，可以单击【应用到全部】按钮，设置完成后点击右下角的【√】按钮，如图4-9所示。

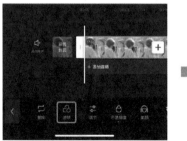

图 4-9

STEP 03 选中视频素材，在界面下方点击【调节】选项，在打开的界面中可以对亮度、对比度、饱和度、光感等进行调整，调整完成后点击右下角的【√】按钮，如图4-10所示。

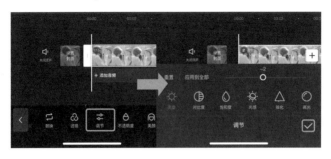

图 4-10

STEP 04 点击两段视频中间的小方块，就会跳转到转场界面；点击【叠化】选项，可以调节转场时长。如果多段视频的转场都要使用同一种效果，可以点击【应用到全部】按钮，设置完成后点击右下角的【√】按钮，如图4-11所示。

图 4-11

4.2.3 添加并处理音频

STEP 01 视频素材导入之后，会发现原声有很多杂音，可以点击【关闭原声】按钮，如图4-12所示。

4-4 添加并处理音频

图 4-12

STEP 02 ❶点击【添加音频】按钮或者下方的【音频】选项，❷点击【音乐】选项，❸在打开的界面中，选择所需的音乐，点击【使用】按钮，如图4-13所示。

STEP 03 添加音频后，选中音频轨道，采用与修剪视频相同的方法对音频素材进行修剪，可以调节音量，设置淡化、变速等效果，如图4-14所示。

还可以通过点击【推荐音乐】【我的收藏】【抖音收藏】【导入音乐】选择背景音乐，使用【抖音收藏】需要先在剪映 App 上登录抖音账号。

STEP 01 打开抖音App，搜索"拍照声音"短视频，点击进入短视频，点击界面右下方

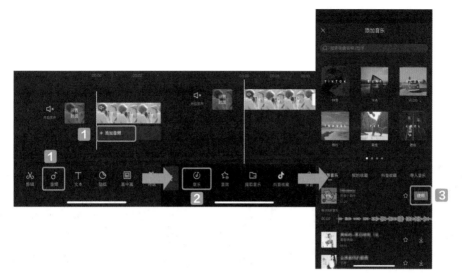

图 4-13

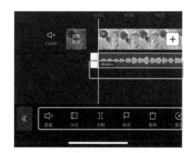

图 4-14

的音乐碟片图标，在打开的界面上方点击【收藏】按钮，如图4-15所示。

STEP 02 返回剪映App，添加音乐，点击【抖音收藏】选项，选择刚收藏的音乐，点击【使用】按钮，然后根据需要修剪音频，如图4-16所示。

图 4-15　　　　　　　　　　　　　　图 4-16

【导入音乐】分为【链接下载】【提取音乐】【本地音乐】，此处介绍前两种导入音乐的方法。链接下载指的是粘贴抖音或其他平台分享来的视频或者音乐链接。

STEP 01 使用【链接下载】，先打开抖音App，搜索"拍照声音"短视频，点击进入短视频，点击界面右下方的【分享】按钮，点击【复制链接】选项，如图4-17所示。

STEP 02 返回剪映App，点击【音乐】按钮，再点击【导入音乐】按钮，粘贴刚才复制的链接，点击⊙按钮，点击【使用】按钮，如图4-18所示，就可以将音频导入视频了。

图 4-17　　　　　　　　　　　　　　　　　　图 4-18

【提取音乐】是将下载到手机的视频中的音乐提取出来。

1点击【提取音乐】按钮，点击【去提取视频中的音乐】按钮，**2**在打开的界面中选择需要的视频，点击【仅导入视频的声音】，**3**转换到【添加音乐】界面，点击【使用】按钮即可，如图4-19所示。

图 4-19

还可以添加音效，具体操作如下。

1点击【添加音频】按钮或者下方的【音频】选项，**2**点击【音效】选项，**3**选择所需要的音效，点击【使用】按钮，如图4-20所示。音效的声音大小、分割、淡化等处理与音乐一样，需要注意的是，音效的时长只能缩短，不能拉长。

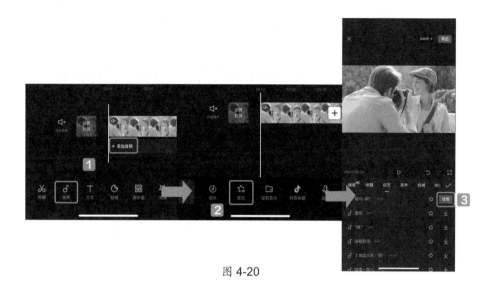

图 4-20

4.2.4　添加并处理文本

STEP 01 将时间线定位到要添加文字的位置，在界面下方点击【文本】选项，在打开的界面中点击【新建文本】选项，如图4-21所示。可以根据需要选择【文字模板】【识别字幕】【识别歌词】【添加贴纸】等选项。

4-5　添加并处理文本

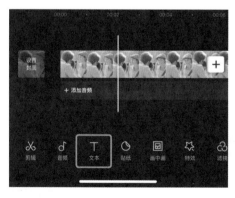 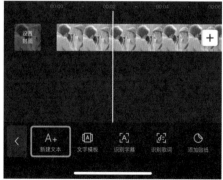

图 4-21

STEP 02 输入文本"短视频拍摄教程"，可以点击【样式】【花字】【气泡】【动画】等选项对文本进行美化处理，如图4-22所示，处理完成后点击右下角的【√】按钮。

图 4-22

4.3　使用 Premiere 剪辑

Premiere 是目前最常用的 PC 端短视频后期剪辑工具之一，由 Adobe 公司开发，是一款常用的视频编辑软件，主要功能是视频剪接、字幕添加、转场过渡、音频调节、色彩调整等。下面介绍使用 Premiere 剪辑短视频的基本流程。

4.3.1　新建项目并导入素材

使用 Premiere 剪辑短视频，需要先新建项目并导入素材，具体操作如下。

STEP 01 启动Premiere Pro 2020，在【主页】对话框中单击【新建项目】按钮，如图4-23所示。

4-6　新建项目
并导入素材

图 4-23

STEP 02 ❶弹出【新建项目】对话框，在【名称】文本框中输入"短视频拍摄教程"，❷单击【浏览】按钮，设置项目保存位置，❸其余选项默认不变，单击【确定】按钮，如图4-24所示。

图 4-24

STEP 03 ❶在【项目】面板中双击或按【Ctrl+I】组合键，❷弹出【导入】对话框，选中要导入的视频和音频素材文件，❸单击【打开】按钮，如图4-25所示。

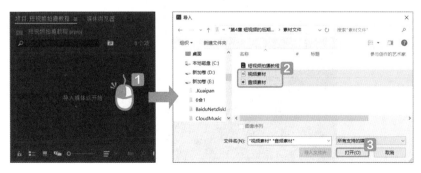

图 4-25

STEP 04 此时，即可看到音频与视频素材已经被导入【项目】面板。1单击【项目】面板右下角的【新建项】按钮，2在弹出的列表中选择【序列】选项，3弹出【新建序列】对话框，选择【宽屏 32kHz】选项，4单击【确定】按钮，即可创建新的序列，并在【时间轴】面板中打开，如图4-26所示。

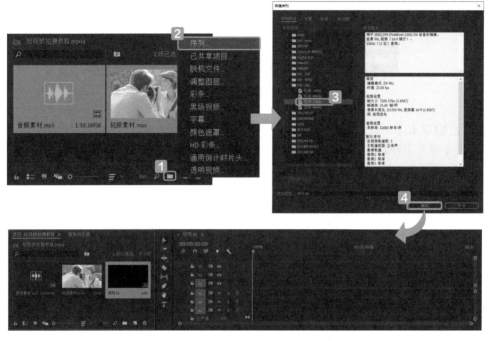

图 4-26

若对视频大小、帧率有具体要求，可以在【设置】下的【编辑模式】中选择【自定义】选项，如图 4-27 所示。

图 4-27

STEP 05 按住鼠标左键将视频、音频素材拖入【时间轴】面板（有些情况下会出现"剪辑不匹配警告"，这是由于素材的分辨率、帧率等信息与预设不一致，选择更改序列设置或保持现有设置，视具体情况而定）。其中V1为视频轨道，A1为音频轨道，将V1轨道中的视频素材拖至0秒位置，与音频素材上下排列，素材导入完成后的界面如图4-28所示。另外，用户也可将素材直接拖至时间轴面板中自动新建序列。

图 4-28

4.3.2 ） 修剪视频素材

使用 Premiere 剪辑短视频，需要先进行粗剪，以完成主要故事线，具体操作如下。

STEP 01 新建项目，导入需要修剪的视频素材，新建序列，拖入【时间轴】面板，选中视频素材。**1**将时间线定位到要修剪的位置，**2**选择工具栏中的【剃刀工具】或者在输入法为英文状态下按【C】键，**3**在时间线上单击即可分割视频素材，如图4-29所示。

4-7 修剪视频素材

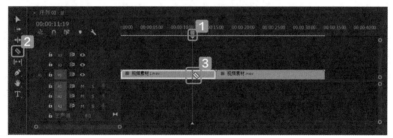

图 4-29

STEP 02 分割之后，**1**单击【选择工具】，**2**选中不需要的视频素材，**3**单击鼠标右键，在弹出的快捷菜单中选择【清除】选项，或按【Delete】键删除，如图4-30所示。

图 4-30

93

STEP 03 删除之后，两段视频中间会出现空隙。**1**单击空隙，**2**单击鼠标右键，在弹出的快捷菜单中选择【波纹删除】选项，或按【Delete】键删除，如图4-31所示。如果不想出现空隙，也可以在删除视频素材时，单击鼠标右键，在弹出的快捷菜单中选择【波纹删除】选项。

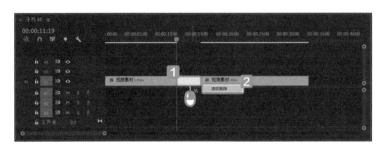

图 4-31

STEP 04 如果只需要修剪视频素材片段的开头和结尾，可以将时间线定位到要修剪的位置，把指针定位在视频的左侧入点位置或右侧出点位置，此时指针变成红色调整柄，向左或向右拖动指针即可修剪视频素材，如图4-32所示。

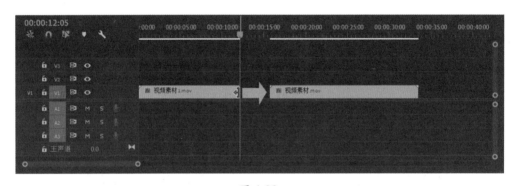

图 4-32

粗剪完成后，便要开始精剪，具体操作如下。

双击需要精剪的视频素材，即可在【源监视器】面板中显示素材，按空格键或者在英文输入法状态下按【L】键播放视频，按空格键或者在英文输入法状态下按【K】键暂停播放视频，按【J】键倒放视频，多次按【L】键或【J】键，可以快进或快退，按【←】或【→】方向键，可以执行【后退一帧】或【前进一帧】的操作。单击【标记入点】按钮或在英文输入法状态下按【I】键，标记剪辑的入点，将时间指定器滑块定位到出点位置，单击【标记出点】按钮或在英文输入法状态下按【O】键，标记剪辑的出点，如图4-33所示。

图 4-33

4.3.3　视频调速

在剪辑短视频时，经常需要对视频进行加速或减速操作，具体操作如下。

STEP 01 在【时间轴】面板里选中视频素材，**1**单击鼠标右键，**2**在弹出的快捷菜单中选择【速度/持续时间】选项，**3**弹出【剪辑速度/持续时间】对话框，在【速度】调整框中设置数字为150，加快视频速度，可以看到视频的时长变短了（视频速度的初始值为100，数值小于100，越小，速度越慢；反之，数值大于100，越大，速度越快），**4**单击【确定】按钮，如图4-34所示。

4-8　视频调速

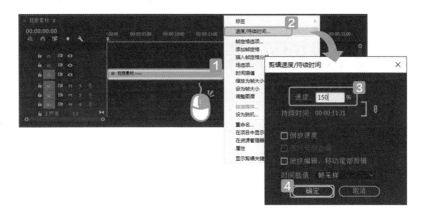

图 4-34

STEP 02 可以在【节目监视器】面板预览调速后的效果，如图4-35所示。

图 4-35

STEP 03 ①使用【剃刀工具】将要调速的视频分割出来，②在指针为"选择工具"状态下，将不需要调速的素材向右拖动一段距离，③在【工具栏】中选择【比率拉伸工具】或在英文输入法状态下按【R】键，④选择需要调速的视频，将指针定位在该视频的右侧，向左拖动即可设置加速播放，向右拖动即可设置减速播放，如图4-36所示。

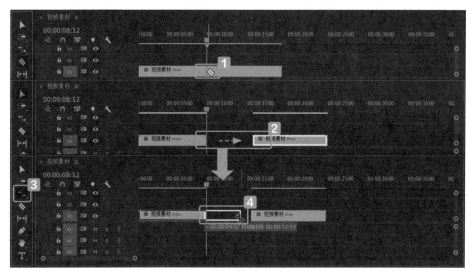

图 4-36

4.3.4 添加视频效果和转场效果

为了丰富短视频表现形式，可以添加视频效果，如让视频从模糊变得清晰，具体操作如下。

STEP 01 将视频素材导入时间线上，①单击【项目】面板中的【效果】面板，②在【视频效果】选项下，可以看到多种视频效果，③选择【模糊与锐化】选项，④选中【高斯模糊】选项，⑤按住鼠标左键将其拖至视频素材上，如图4-37所示。

4-9 添加视频效果和转场效果

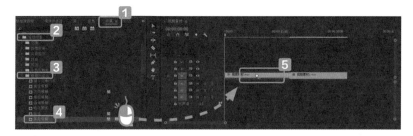

图 4-37

STEP 02 选中添加效果之后的视频，①单击【源】面板中的【效果控件】面板，②在【效果控件】面板中，单击【fx 高斯模糊】选项，③单击【模糊度】前面的【切换动画】按钮，4将【模糊度】调至25，5将时间线调至3秒的位置，6将【模糊度】调至0，如图4-38所示。

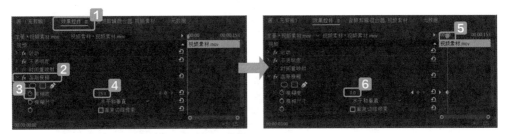

图 4-38

STEP 03 在【节目监视器】面板中查看视频过渡效果，如图4-39所示。

图 4-39

剪辑师在剪辑短视频时，经常需要在两段视频之间添加一个转场，使视频过渡得更加自然，具体操作方法如下。

STEP 01 将视频素材导入时间线上，1单击【项目】面板中的【效果】面板，2在【视频过渡】选项下，可以看到很多过渡效果，3选择【交叉溶解】选项，4选中【交叉溶解】选项，按住鼠标左键将其拖至两段视频素材的首尾相交处，如图4-40所示。

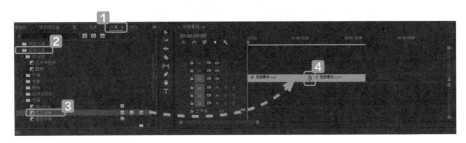

图 4-40

STEP 02 1打开【源】面板中的【效果控件】面板，可以更改【交叉溶解】效果的持续时间、对齐方式，2将【持续时间】改为5秒，【对齐】方式改为【终点切入】，如图4-41所示。

STEP 03 在【节目监视器】面板中查看视频过渡效果，如图4-42所示。

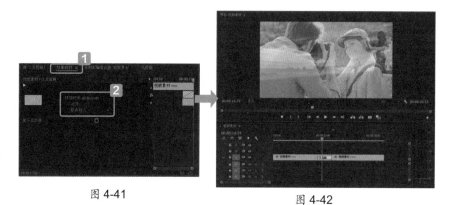

图 4-41   图 4-42

STEP 04 还可以在时间线上选中【交叉溶解】效果，按住鼠标左键直接拖动，更改效果
的持续时间和对齐方式。如果对效果不满意可以按【Delete】键删除。

4.3.5 视频调色

如果视频画面出现颜色不平衡、曝光不足或者画面过于暗淡等情况，
可以使用 Premiere 中的【Lumetri 颜色】面板对短视频进行调色。而调色
一般分为初级调色和二级调色，初级调色就是调节画面中的曝光、对比度、
高光和阴影等，二级调色就是对视频的局部进行调节。视频调色具体操
作如下。

4-10   视频调色

STEP 01 将视频素材导入【时间轴】面板，新建序列，**1**单击【项目】面板右下角的
【新建项】按钮，**2**在弹出的列表中选择【调整图层】选项，**3**弹出【调整图层】对话
框，单击【确定】按钮，新建调整图层，如图4-43所示。

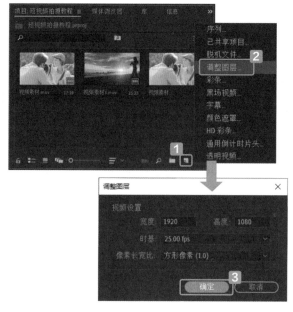

图 4-43

STEP 02 按住鼠标左键，将调整图层拖至V2轨道，调至与视频素材同样的长度，便可以在调整图层上对短视频进行调色，而不会影响原视频，如图4-44所示。

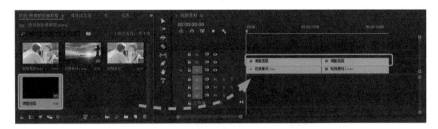

图 4-44

STEP 03 在Premiere窗口上方选择【颜色】选项，切换到【颜色】工作区，窗口右边就会显示【Lumetri 颜色】面板。接下来便可以通过【基本校正】中的【白平衡】【色调】对视频进行调色，如图4-45所示。

图 4-45

STEP 04 选择【源】面板中的【Lumetri 范围】面板，程序对当前视频画面亮度和色彩的分析显示为波形RGB，帮助用户准确地评估剪辑，进行色彩校正。需要注意的是，波形范围为0～100，如图4-46所示。超过100会造成视频画面过亮，低于0会造成视频画面过暗。

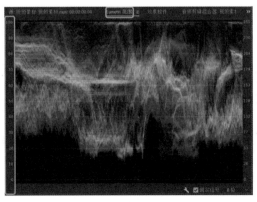

图 4-46

STEP 05 点击【Lumetri范围】面板下方的【设置】按钮或单击鼠标右键，在弹出的快捷菜单中选择【分量（RGB）】选项，即可显示红绿蓝三个颜色通道，如图4-47所示。

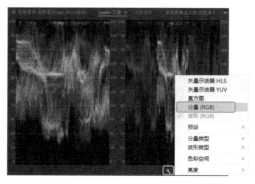

图 4-47

若要进一步对视频进行调色，便要使用【Lumetri 颜色】面板中的【曲线】【色轮和匹配】【HSL 辅助】【晕影】。

STEP 06 展开【RGB曲线】选项，单击曲线添加锚点，调整画面的亮度和色彩范围，并且可以分别调整RGB 3个通道的曲线，如图4-48所示。按住【Ctrl】键的同时单击锚点可以将其删除。展开【色相饱和度曲线】选项，根据需要调整色相和饱和度、色相与色相、色相与亮度、亮度与饱和度、饱和度与饱和度，如图4-49所示。

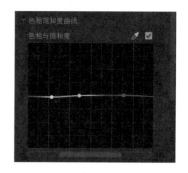

图 4-48　　　　　　　　　　　　图 4-49

STEP 07 展开【色轮和匹配】选项，调整阴影、中间调和高光颜色，在【HSL辅助】和【晕影】选项中，可以根据需要对视频进行调色，如图4-50所示。

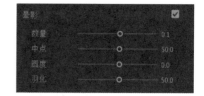

图 4-50

4.3.6　编辑音频

将需要剪辑的视频素材导入【时间轴】面板，可以看到该视频自带背景声音，我们需要将背景声音删除，保留视频，具体操作如下。

①选中素材，单击鼠标右键，②在弹出的快捷菜单中选择【取消链接】选项，③选中音频，单击鼠标右键，④在弹出的快捷菜单中选择【清除】选项，或按【Delete】键即可删除，如图4-51所示。

4-11　编辑音频

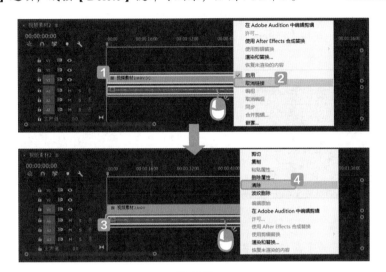

图 4-51

对音频文件进行编辑，如调节音量、应用音频效果等，具体操作步骤如下。

STEP 01 导入音频素材，将【项目】面板中的音频素材拖至时间轴上的A1轨道。为了方便对音频进行处理，将指针定位在A1轨道与A2轨道之间的横线上，指针变成调节样式，上下拖动展开时间刻度，或者滑动右侧的滚动条，如图4-52所示。

图 4-52

STEP 02 修剪音频与修剪视频的方法一样。①选中音频素材，将时间线定位到要修剪的位置，②选择工具栏中的【剃刀工具】或者在英文输入法状态下按【C】键，③在时间线上单击即可分割音频素材，如图4-53所示。

图 4-53

STEP 03 分割之后，**1**选中不需要的音频素材，**2**单击鼠标右键，在弹出的快捷菜单中选择【清除】选项，或按【Delete】键即可删除，如图4-54所示。

图 4-54

STEP 04 **1**在【时间轴】面板中单击【时间轴显示设置】按钮，**2**在弹出的列表中选择【显示音频关键帧】选项，如图4-55所示。

图 4-55

STEP 05 音频素材上有一条黑白线，即音量级别关键帧线。拖动它即可调整音频的音量，往上拖动为调大音量，往下拖动为调小音量，如图4-56所示。

图 4-56

STEP 06 按住【Ctrl】键的同时，单击音量级别关键帧线，即可添加关键帧。可以通过添加多个关键帧，并调整关键帧的位置，来调整某段音频的音量。如果音量转换比较突兀，可以在需要转换的位置单击鼠标右键，在弹出的快捷菜单中选择【贝塞尔曲线】选项，转换为贝塞尔曲线，给该点加上圆滑的转换效果，使音频音量转换自然、平滑，如图4-57所示。

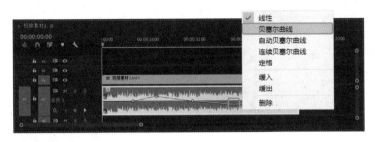

图 4-57

STEP 07 或者双击音频素材，可以在【源】面板中的【效果控件】面板中展开【级别】选项，设置【关键帧】，用鼠标右键单击【关键帧】，在弹出的快捷菜单中选择【贝塞尔曲线】选项，如图4-58所示。

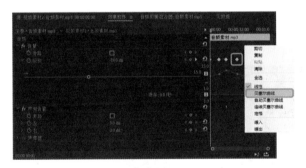

图 4-58

STEP 08 选中音频素材，1 单击【项目】面板中的【效果】面板，2 双击【音频效果】中的【模拟延迟】效果，即可为音频素材添加效果，如图4-59所示。

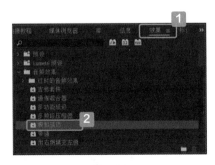

图 4-59

STEP 09 此时，即可看到在【源】面板中的【效果控件】面板中添加了【模拟延迟】效果。■1单击【编辑】按钮，■2弹出【剪辑效果编辑器】对话框，在【预设】下拉列表中选择所需的模拟延迟效果，■3进行自定义设置，如图4-60所示。

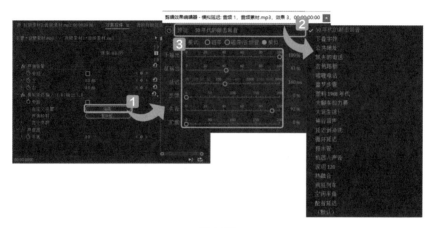

图 4-60

STEP 10 若要将修改的音频单独导出，方法如下。■1在需要导出的音频素材处单击鼠标右键，■2在弹出的快捷菜单中选择【渲染和替换】选项，即可将音频文件快速导出到项目文件所在的位置，如图4-61所示。

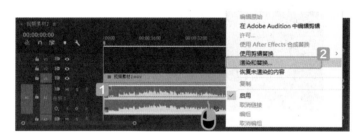

图 4-61

4.3.7 添加文本

用 Premiere 在短视频中添加文本，具体操作如下。

STEP 01 ■1在Premiere窗口上方单击【图形】选项，切换到【图形】工作区，■2单击【文本工具】，■3单击【节目监视器】面板中的视频画面，输入文本"短视频拍摄教程"，如图4-62所示。

4-12 添加文本

单击【基本图形】中的【编辑】选项，可以看到常规的文字属性。在【对齐格式】中可以选择文本对齐方式、改变文本位置、更改文字大小和更改文本的不透明度等。在【文本】中可以更改文本的字体、大小、对齐方式等。在【外观】中可以更改文本的颜色、添加描边、背景、阴影和蒙版等。

图 4-62

STEP 02　1 选中文本框或者全选文本内容，2 单击【仿粗体】按钮，加粗文字，3 选中【填充】复选框，4 弹出【拾色器】对话框，选择黑色，5 单击【确定】按钮，如图4-63所示。

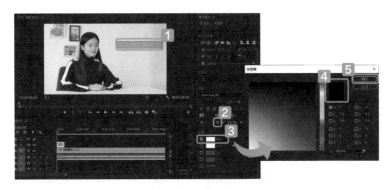

图 4-63

STEP 03　可以单击【选择工具】，选中文本，拖拽文本框更改文本的位置，放大或缩小文本框更改文本的大小；也可以在【源】面板中的【效果控件】面板中对文本进行处理，如图4-64所示。

图 4-64

STEP 04 时间轴上的V2轨道即为文本轨道，因文本轨道在视频轨道上方，如图4-65所示，所以视频效果与视频过渡也可以用于文本，操作方法与为视频素材添加效果的方法一致。

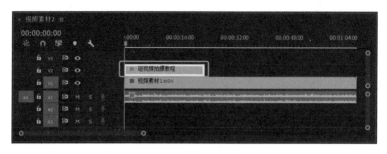

图 4-65

4.3.8 导出视频

短视频剪辑完成之后，便可将其导出，具体操作如下。

STEP 01 在【时间轴】面板选择要导出的序列或者在【节目监视器】面板中将其选中。1单击【文件】选项，2在下拉列表中选择【导出】选项，3在弹出的列表中选择【媒体】选项，或者按【Ctrl+M】组合键，如图4-66所示。

4-13 导出视频

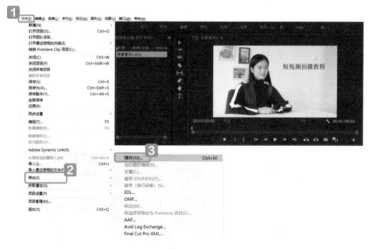

图 4-66

STEP 02 弹出【导出设置】对话框，1在【格式】下拉列表框中选择【H.264】选项，即MP4格式，2单击【输出名称】右侧的文件名超链接，3弹出【另存为】对话框，选择短视频保存的位置，4修改文件名为"短视频拍摄教程"，5单击【确定】按钮，如图4-67所示。

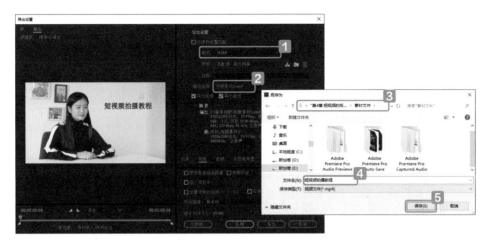

图 4-67

STEP 03 ■返回【导出设置】对话框，如果想更改短视频的大小，可以在【导出设置】对话框的【视频】选项卡中，调节【目标比特率（Mbps）】的数值，更改视频大小，■单击【导出】按钮，即可导出短视频，如图4-68所示。如果不需要更改短视频大小，返回【导出设置】对话框，单击【导出】按钮即可。

图 4-68

本章习题

一、填空题

1. _____是通过电子特技切换台或后期软件中的特技技巧，对两个画面的剪接来进行特技处理，完成场景转换的方法。

2. _____指场面的过渡不依靠后期的特效，而是在前期拍摄时在镜头内部埋入一些线索，使两个场面实现视觉上的流畅转换。

3. 蒙太奇大致分为三种类型：_____、_____和_____。

4. _____也称为"渐隐渐显"，_____是指上一段落最后一个镜头的画面逐渐隐去直至黑场，_____是指下一段落第一个镜头的画面逐渐显现直至亮度正常。

二、选择题

1. 在 Premiere 中，按（　　）组合键可以导入文件。

A.【Ctrl+A】

B.【Ctrl+I】

C.【Ctrl+Alt】

D.【Ctrl+Shift】

2．在 Premiere 中，剃刀工具的快捷键是（　　　）键。

A．【 H 】

B．【 C 】

C．【 T 】

D．【 A 】

3．关于使用 Premiere 中的【 Lumetri 颜色】面板对短视频进行调色的说法，错误的是
（　　　）。

A．将视频素材导入到【时间轴】面板，新建序列，然后新建调整图层

B．不需要将调整图层调至与视频素材同样的长度

C．可以通过【基本校正】中的【白平衡】和【色调】对视频进行调色

D．色彩校正时，需要注意波形范围应该在 0～100 之间，超过 100 会造成视频画面过亮，
低于 0 会造成视频画面过暗

4．在 Premiere 中，按住（　　　）键／组合键的同时，单击音量级别关键帧线，即可添
加关键帧。

A．【 Alt 】

B．【 Ctrl 】

C．【 Shift 】

D．【 Ctrl+Alt 】

三、简答题

1．分别列举技巧转场和无技巧转场的三种形式。

2．简述叙事蒙太奇的特征以及分类。

3．简述蒙太奇的作用。

四、操作题

1．打开"第 4 章／素材 1"，使用剪映 App 为视频添加音乐、字幕和转场特效。

2．打开"第 4 章／素材 2"，使用 Premiere 为视频添加音乐、字幕和转场特效。

第5章

短视频的运营

要想让短视频成为"爆款",除了打造优质的内容,还要学会运营短视频,打造好短视频的封面、标题、标签和文案,同时做好用户运营、渠道推广和数据分析。

关于本章知识,本书配套的教学资源可在人邮教育社区下载使用,教学视频可直接扫描书中二维码观看。

5.1 前期运营

众所周知，优质的短视频内容可以带来流量，而且这种流量往往是免费的。因为平台需要优质的内容，优质的内容可以带来优质用户，所以平台愿意用自己平台的流量来交换短视频内容生产方的优质内容。因此，打造优质内容，获取优质流量，就是短视频内容创业团队做短视频初期，在商业和战略意义上最有价值的事情。短视频运营的真正价值是帮助团队实现获客和用户留存，因为流量本身不能直接变现，只有通过获得有效用户后，才可能挖掘出真正长期有效的商业模式，实现稳定变现。如果用户对短视频运营没有基本的了解，想在短时间内见效还是有一定难度的。对于新人，应如何运营自己的账号呢？以下这几点要清楚。

5.1.1 完善账号

完善短视频账号核心的一点就是要做到精准定位，一个账号只定位一个领域。账号定位直接决定了其所吸引粉丝的精准度、"涨粉"的速度、引流的效果和变现的能力。

5-1 完善账号

1. 账号名称

账号名称要简单、明确，做到好记忆、好理解、好传播，最好可以让用户一看就知道短视频账号的定位，这样才更容易获得关注，如"××街拍""美食体验官××"等。如果是打造个人知识产权（Intellectual Property，IP）的账号，可以直接用自己的名字做账号名称，如"李子柒""李佳琦 Austin"等，更具辨识度。

2. 账号头像

头像不仅会使用户产生第一印象，还是个人品牌的标识与符号，让用户想到账号就想到符号，而这个符号就是个人 IP 定位。

头像应根据账号所运营的内容、风格来确定：如果是真人出镜类的账号，建议使用个人的形象照，粉丝会对你有更直观的认知，产生更强的信任感；如果账号定位于某一个垂直领域，那么头像就要与该领域相关；如果账号是图文类型的，建议使用文字标题作为头像，让别人看到头像就知道账号所运营的内容。

需要注意的是：头像一定要简洁、清晰，尽量避免局部或者远景人像，不用杂乱场景、动物；头像要和名字有关联，保持统一；文字类头像的文字不要超过 6 个字。

3. 账号背景图

背景图颜色应该与头像颜色相呼应，风格统一；同时背景图要美观、有辨识度，要体现专业度。背景图会被自动压缩，只有下拉时才能看到下面部分的内容，所以要把表达的信息留在背景图中央的位置。

除背景图大小的设置以外，如果要打造个人形象 IP，加深 IP 在用户心中的印象，需要以真人照片作为背景图。抖音某些知名美妆"达人"的背景图，如图 5-1 所示。

图 5-1

主页背景图可以对账号进行二次介绍，深化粉丝对 IP 的认知印象，如抖音某美食"达人"背景图上的"你要不要跟我搅合搅合"、抖音上另一位"达人"背景图上的"抖音最会花钱的男人"等，如图 5-2 所示。

背景图还可以起到引导用户关注的作用，利用有趣的图案、话术为用户提供心理暗示，如抖音某搞笑剧情类"达人"背景图上的"集美貌与才华于一身的女子"和抖音某动漫"达人"的"如果猪没有梦想，那跟咸鱼有什么区别！"等，如图 5-3 所示。

图 5-2

图 5-3

4. 账号认证和个人简介

经过认证的账号能获得更高的推荐权重，前期可以完成个人认证，如图 5-4 所示。申请个人认证需满足：发布视频数≥1 个，粉丝量≥1 万名以及绑定手机号三个条件。后期可以进行官方认证，在官方认证账号中政府机构号级别最高，其次是企业号、MCN 机构旗下账号和个人认证账号。

简介要根据人物定位，突出个人的 2～3 个特点即可，并且不要太长，要方便用户记忆。在简介中可以加上视频更新时间、直播时间、合作联系方式和粉丝群等信息，如图 5-5 所示。

图 5-4

图 5-5

5.1.2 设计封面

短视频封面常常被大家忽视，其实它对于流量的吸引是非常重要的。短视频的封面会给观众留下第一印象，特别是在个人主页里。一个好的封面，往往能让用户了解短视频的亮点，从而吸引用户点击观看，进而增加短视频的播放量，扩大影响力，带来更多的流量。有时候通过一个"爆款"视频能吸引很大一部分用户来到主页，这时候封面的重要性不言而喻，甚至可能会带动以前的视频也流行起来，所以短视频的封面设计非常重要。下面介绍短视频封面的形式和要求。

1. 短视频封面的形式

在短视频创作领域内，创作者需要有自己独特的风格，才能吸引用户关注，而短视频的封面是最显而易见的个性风格的体现。

◎ 视频内容截图

直接以从短视频中截取的画面作为封面，是很多短视频创作者使用的方法，这样不仅封面和内容相关，而且操作方便快速。若账号为个人 IP，可以直接从短视频中截取人物形象作为封面，如图 5-6 所示。为了让用户直观地区分每个短视频，也可以在封面中添加文字，展现短视频的关键点，如图 5-7 所示。

◎ 使用固定、统一的模板

可以结合自己短视频的内容定位，设计一套固定、统一的模板封面，加上 Logo 或标志性的元素。这样设计封面会使短视频的风格统一，而且固定的 IP 形象会使用户养成习惯，时间一长就会给用户留下深刻的印象。需要注意的是，如果同一账号内有不同系列的内容，可以不用让所有短视频的风格统一，做到系列短视频风格统一即可，如图 5-8 所示。

图 5-6

图 5-7

图 5-8

◎ 给短视频封面添加流量元素

结合短视频内容，可以在封面中添加一些流量元素，如添加表情包、流行语等，使短视频封面充满趣味性，如图 5-9 所示。但是这些流行元素也不要过度使用，否则会造成用户审美疲劳。

2. 短视频封面的要求

一个好的封面能够吸引更多的用户，但设计时需要注意以下几点。

（1）封面要与短视频内容相关。如果用户点击观看短视频，发现封面与短视频内容不

图 5-9

相关，结果会适得其反，可能会让用户产生厌恶心理，不但不会关注账号，甚至可能会举报。

（2）封面要清晰、完整、比例合理，切忌模糊不清、拉伸变形。如果封面有文字，把文字放在最佳展示区域，不要被标题、播放按钮、播放时间条挡住。字数要尽量少一些，因为字数太多容易影响封面美感，也会增加用户的阅读时间，影响体验感。字体大小在不影响美观的情况下，可以尽量大些，这样文字简单直白，更有冲击力。还要注意的是，要选择不会侵权的常规字体。

（3）各大短视频平台都在支持原创内容，因此在做短视频封面的时候，也要保持原创，形成自己独特的风格。这样更容易得到用户的喜爱，吸引用户的关注。

（4）封面构图要主次分明、重点突出，将封面的主体放置于焦点位置。严谨的构图有助于提升封面的美感。

（5）封面不能出现暴力、惊悚、色情、低俗等内容，不能含有二维码、微信号等推广信息，如有违规就不会获得短视频平台的推荐，甚至会被处罚。

（6）注意不同的平台对封面尺寸的要求是不一样的。

5.1.3 设置标题

短视频的标题之所以重要，是因为它可以吸引并引导用户点击观看短视频，以及看完短视频之后进行转发、评论和点赞等互动行为。短视频的内容虽然很重要，但如果没有用户观看，内容再好也没有意义。标题文案的好坏直接影响短视频的点击率，一个好的标题文案能够扩大短视频的传播范围，使短视频更容易获得平台的推荐；而不好的标题文案会埋没一个优秀的短视频。如何打造一个吸引人的短视频标题文案呢？下面一起来看看吧。

○ 提取关键词

目前大多数短视频平台都采用了算法机制，可以更精准地定位用户痛点。例如，抖音的推荐机制是"机器审核＋人工审核"，所以标题首先给机器看，其次才是人工审核。因此在写标题文案的时候，根据定位的领域，多添加一些行业常见、高流量的关键词。例如，定位办公软件培训领域的账号，可以多在标题中添加办公、知识、不加班等领域的专属词汇；定位美食制作领域的账号，多使用美食、料理等领域的专属词汇。平时，短视频创作者需要有意识地搜集一些相关领域的关键词，并将其添加到标题中，让机器审核，然后将短视频更加精准地推荐给对该领域感兴趣的用户，进而增加短视频的播放量。

○ 使用数字

使用数字主要有两种方式。一种是提供对用户有价值的信息，让用户观看之后获得收获，在很短的时间内学到实用技能。短视频创作者在标题文案中使用数字会让短视频内容更加直观，如"住酒店不想被偷窥，这 3 招一定要收藏好！""可乐鸡翅怎么做才好吃？ 3 个小技巧让你做出美味鸡翅"。在标题中对出现的问题提出 3 种解决方法，使内容更加突出、明确，所以建议使用阿拉伯数字。另一种是通过具体的数字对短视频内容进行数据化描述，如"2020年，这批奶粉的质检合格率竟高达 100%！"有购买奶粉需求的用户看到这个标题，可能会被"100%"吸引，进而点击观看该短视频。

○ 添加热点词汇

热点事件、新闻是大众比较关注的，一旦发生热点事件，大家都会想要先了解，进行搜索观看。如果选题内容与热点事件相关，就可以尽量在视频的标题文案中增加相关词汇。需要注意的是，热点词汇并不是随便使用的，要与自身账号的定位一致。例如，技能类账号一般不要出现娱乐热点词汇，否则标题文案不仅与账号定位不符，甚至会产生反作用，使原有粉丝产生不良情绪。

○ 产生代入感，引起共鸣

若想在标题文案上让观众产生代入感，引起共鸣，可以多使用第二人称"你"。可以是技能学习类的标题文案，如"看完这个视频，你就会成为剪辑专业人士"；可以是励志、正能量的标题文案，如"别担心，你值得这世间所有的美好！"；也可以是包含亲情、友情、爱情等情感类的标题文案，如"你这么好，值得有人视你如珍宝，该放弃的就果断一点吧"。尽管短视频是呈现给所有用户看的，但使用第二人称可以给用户一种量身定制的感觉，让用户产生强烈的代入感。还可以在标题中指明某一用户群体，让该类用户群体看到之后产生代入感。例如，"愿每个在异乡工作的人，都能被温柔以待。"这段文案说出了大多数奋斗中年轻人的心酸，戳中他们的软肋。

◎ 引发好奇心

好奇是人类的天性，如果标题文案能够成功地引发用户的好奇心，那么用户点击观看短视频的欲望也会被激发。

首先，短视频标题文案可以采用疑问句以激起用户的好奇心，引导用户点击观看。例如，"在吗？价值 20 万元的眼部护理手法需要吗？"，其中"在吗？"拉近了与用户的距离，后面的疑问句则引起了用户的好奇心——价值 20 万元的眼部护理手法是什么样的？类似的疑问词还有"如何""怎么样""什么""为什么""难道""岂""究竟""何尝""何必"等。

其次，可以设置悬念引起用户的好奇。例如，"看到最后一个动作笑得嘴都酸了""一定要看到最后""我选择最后一个"等。看到这样的标题时，用户通常都会好奇最后一个到底是什么，从而看完整个短视频。这样可以使短视频的页面停留时间更长，完播率更高。

最后，可以通过前后冲突，形成对比，让用户产生好奇心理。例如，"谈恋爱前 vs 谈恋爱后，男人的变化可以有多大""没回家时妈妈的态度 vs 回家后妈妈的态度""甜豆腐脑 vs 咸豆腐脑，到底哪个更好吃？这才是正确的吃法"等。还可以使用制造悬念手法设计标题，引起用户好奇，引导用户看到最后。例如，"假扮总裁帮朋友撑场面，没想到这个总裁竟是……""想成为短视频剪辑专业人士，第一步是……"等。

◎ 引发互动

想要引起用户互动，让用户转发、评论，最好的办法之一就是采用疑问句，让用户自然而然地想留下自己的答案。例如，"有了钱之后你最想做什么？""你的男朋友也会这样对你吗？""你还想知道什么，评论区告诉我"等开放性问题，用户看到就想回答、进行互动，从而使短视频作品的评论量增加，扩大短视频的传播范围。

◎ 干货输出

在标题里直接点明本视频能给用户带来什么价值、用户可以获得哪些收获，也有利于短视频的传播。这种收获可以是精神上的愉悦，也可以是某一方面技能的提升，以此吸引具有需求的用户观看视频，如"Photoshop 急用证件照不会修？教你快速搞定换色模板""做销售如何留住客户，记住这几条就够了！"等。

5.1.4　添加标签

在制作完短视频后，将短视频上传至平台的一个必要步骤就是给短

5-2　添加标签

视频添加标签。短视频标签即短视频内容的关键字，标签越精准，短视频越容易得到平台的推荐，直达粉丝用户群体，加大曝光量。对于用户而言，标签是用户搜索短视频的通道，用户可以通过搜索标签找到自己想看的短视频。如果短视频内容制作精良，却没有好的标签，那么很容易被淹没在众多短视频中，无法提高点击率。

在给短视频添加标签时，需要遵循一定的要求。

◉ 标签个数和字数

一般来讲，短视频标签的个数为 3 ～ 5 个，每个标签的字数为 2 ～ 4 个。标签太少不利于平台的推送和分发，而太多则容易让人抓不住重点，错过核心粉丝群体。例如，一条美食类短视频，根据内容可以添加"美食""菜谱""川菜""火锅"等标签，以同时涵盖短视频的类型和细分领域。

◉ 标签要精准

添加标签就是为了找到短视频的核心受众，将短视频直接投放到核心受众群体当中，从而使短视频获取大量的点击。例如，健身类短视频可以加上"瘦身""健身""运动"等标签，如果加上"美妆""影视"等标签，不仅不会吸引到更多用户，可能还会引起用户的反感，影响账号的垂直度。

◉ 标签范围要合理

标签要准确反映短视频的内容，但标签精准不代表要格外精细。例如，美食类短视频，可以添加"美食""菜谱""火锅"等标签，如果加上"毛肚""蛋饺"等标签，则太过于精细，容易使短视频错失大量潜在的用户群体；也不要用一些比较泛化的或者过分边缘化的词语作为标签，这样会让短视频淹没在大量的竞品之中。

◉ 紧追热点

短视频创作者要保持"嗅觉灵敏"，注意对热点信息的跟踪、把握。某一事件既然能成为热点，说明有千千万万的网民在关注这一话题，这意味着若能合理利用该话题可以带来巨大流量。因此，在短视频标签中加入热点、热词，会提高短视频的曝光率，从而使短视频获得更多推荐。例如，恰逢国庆节、中秋节、春节等节日时，可以在标签中添加"春节""拜年""月饼""中秋""国庆"等关键词。紧追热点确实会带来流量，但是需要注意的是，紧追热点的时候要遵循标签规范，选择适合自己账号领域和短视频内容的热点。

5.2　用户运营

用户运营是指以用户为中心，遵循用户的需求设置运营活动与规则，制定运营战略与运营目标，严格控制实施过程与结果，以达到预期所设置的运营目标与任务。从广义上来说，围绕用户展开的人工干预都可以被称为用户运营。

用户运营的核心目标主要包括拉新、留存、促活、转化。在短视频行业，用户运营的手段、方法都围绕这四个核心目标展开。用户规模是实现商业变现的基础，拉新和留存是为了保持用户规模最大化；促活是为了提高用户活跃度，提高用户的黏性和忠实度，而用户和创作者之间的信任关系又是促成最终转化的关键动力。随着产品的不断发展更迭，不同阶段用户运营的侧重点不同。例如，在萌芽期阶段，拉新工作是重中之重，而当用户达到一定规模时，则需要考虑促活和转化问题。产品的生命周期决定了用户运营的侧重点。

5.2.1　借势"涨粉"，吸引用户关注

在短视频萌芽期阶段，运营工作的首要目标就是拉新，即吸引用户关注，培养第一批核心用户。具体的拉新方法主要有以下几种。

（1）以老带新：以老带新是短视频在萌芽期最有效的拉新方式之一，即通过已有的"大号"协助推广，把粉丝引流到新的账号，有助于累积第一批种子用户。

（2）借助热点：借助热点不仅可以有效节约运营成本，而且能大大提高短视频成为"爆款"的概率。尤其是借助官方平台推出的热点话题，可大大提高萌芽期短视频的曝光概率，再加上一些短视频平台算法推荐机制，只要抓住时机借助热点，完成流量的原始积累并不是一件难事。

（3）合作推广：在资金允许的前提下，寻求"大号"合作推广，或利用人脉圈子资源，带动新账号的成长，也是短视频萌芽期拉新的常见手段。

第一批用户进来后，由于并不是所有的目标用户都会对这个阶段的内容感兴趣，所以会流失部分用户，这就是用户的筛选、过滤的过程。留下的是与账号内容匹配的用户，那么我们可以借助数据工具（如前面讲的卡思数据）构建这批用户的用户画像。当用户画像结果与预想一致时，说明内容和用户需求的匹配度较高，不需要大幅度调整内容。如果用户画像与预想出入较大，则应该进一步思考是否需要调整内容，或进行新一轮拉新，再测试结果。过滤、匹配完成后，下一步要做的就是突出自身差异化优势，从而培养用户的忠实度。

5.2.2　稳定更新，培养用户的观看习惯

对于短视频制作团队来说，第一批用户成为忠实粉丝之后，如何有效地吸引第一批粉丝，让他们养成良好的观看习惯就显得尤为重要。其中，保持稳定更新是短视频制作团队早期积累粉丝的方法之一。

通常来说，保持更新频率可以从以下几个方面进行，如图 5-10 所示。

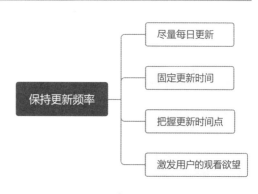

图 5-10

1. 尽量每日更新

每日更新短视频在一个短视频制作团队初期积累粉丝的阶段是必不可少的，其可以快速地吸引大量的粉丝，而且有利于在开始阶段快速找准账号的定位。每一个短视频制作团队在开始阶段都可能会走各种各样的弯路，而通过每日更新短视频有助于在尝试不同短视频制作方向的同时，在短期内积累大量的数据进行分析。

现在是一个信息爆炸的时代，各种新鲜事物层出不穷，如果创作者长时间不推出新的短视频，就可能被粉丝遗忘。每日更新短视频可以保持账号的活跃度，培养用户的观看习惯，避免被粉丝遗忘。

2. 固定更新时间

更新短视频，尤其是更新时间固定的时候，可以给予用户一定的暗示，使用户准时上线观看短视频。长时间下去，用户就会形成定时观看的习惯，甚至很多用户产生了"催更"心理，其会在评论区留言："怎么还没更新""快更新啊""为什么还不更新，不是说好每天一更吗"。用户催创作者更新短视频，其实就体现了用户期待好的内容。在这个基础上，创作者继续保持更新频率就能够很好地吸引用户，让用户形成观看习惯。如果无法保证每日更新短视频，可以间隔一两天或者每周发布一次短视频，但都要在固定的时间发布。

3. 把握更新时间点

影响短视频数据表现的因素有很多，其中一个重要因素就是短视频的更新时间。如果没有选择好更新时间点，即使短视频有了较高的更新频率，也很难让用户形成观看习惯。例如，某短视频账号的目标用户是大学生，他们白天在上课学习，空闲时间较少，所以短视频创作者比较适合在上午和下午下课、吃饭的时候更新短视频。建议短视频更新的时间如表5-1所示。

▼ 表 5-1 建议短视频更新的时间

更新时间	短视频内容
6:00—8:00	吃早饭、上班或者上学途中，适合发布前一天录制好的视频，这个时间段适合发布正能量、励志类等短视频
11:00—14:00	吃午饭或者在午休的时间，适合发布美食、小技巧、正能量类等短视频
17:30—20:00	下班、吃晚饭或者吃完晚饭休息的时间，适合发布美食、小技巧、正能量等类型的短视频
21:30—00:00	在床上准备睡觉的时间，适合发布所有类型的短视频，尤其是情感类、"种草"类的短视频

相关数据统计表明：同一类型的短视频内容互动数据差异明显，同一个账号在不同时间发布的短视频数据表现差异很大。由于用户活跃时间不同，短视频内容的发布时间与最终的数据呈现之间也有着密不可分的关系。一般来说，在用户活跃高峰期发布的短视频，相对来说成为"爆款"的概率更大。找准发布时间，往往会取得事半功倍的效果。图5-11为某两位抖音博主发布短视频的时间以及互动数据，可以看出其发布短视频的时间基本在高峰期时间段。

图 5-11

4. 激发用户的观看欲望

如果保证了短视频的更新周期及更新时间固定，那么一旦到了时间，用户就会想起短视频更新了，从而养成固定收看短视频的习惯。给予用户暗示的同时，还要注意满足用户的需求，如果更新的内容无法满足用户，那么就很容易失去用户。各大短视频软件上的同类短视频非常多，想要将用户牢牢地抓住，必须有自己的独到之处，所以，在短视频内容的编排上一定要注重创新，尽量保持自己创作的短视频在同类短视频中的优势和不可替代性。

5.2.3　加强互动，提高用户活跃度

短视频用户运营应该重视提高用户的活跃度。活跃度高、黏性强的用户更容易进行变现。而提高用户活跃度、粉丝黏性最好的方法就是与用户进行良好互动。

1. 选择互动性强、讨论度高的话题内容

美食类短视频账号，可以选择做满足上班族需求的快手菜；健身类短视频账号，可以教大家无器械健身，或者办公室健身；时尚类短视频账号，可以介绍一些服装穿搭，实用性强的日常穿搭技巧等。这些选题比较能够引起用户共鸣，可以大大地提高用户参与互动的积极性。

创作者还可以结合热点话题和普遍存在的社会现象，选择讨论性强的话题。例如，抖音某广播电视台官方账号发布了一条山东威海下雪的视频，点赞量达 262.1 万，评论数达 16.8 万，分享次数达 19.5 万，众多用户在评论区发表自己的看法，如图 5-12 所示。

图 5-12

2. 标题文案引导

创作者可以利用短视频标题文案引导用户评论，增强互动。例如，制作一条在家吃火锅的短视频，可以在标题文案中加入一句互动的话：大家吃过最好吃的火锅蘸料是什么？欢迎

大家在评论区留言互动！或者，在制作有关甜咸粽子的短视频时，可以在标题中加入"大家喜欢吃甜粽子还是咸粽子"的表述，这样可以引导用户留言，促进互动、评论。

3. 评论区互动

评论区是一个双向互动的空间，用户可以留言，短视频创作者也可以回复留言。短视频创作者可以通过回复、点赞评论区的留言，拉近与用户之间的距离，增强亲切感，减少陌生感。

需要注意的是，短视频创作者要及时回复留言，因为随着时间的流逝，用户的期待值会慢慢降低。马斯洛需求层次模型将人们的需求划分为五类：生理需求、安全需求、社会需求、尊重需求和自我实现需求。用户在评论喜欢的短视频时是抱有期待的，实际上这是一种渴望被关注、被尊重的心理。如果短视频创作者能及时回复，用户就会产生一种被尊重的感觉，从而转化为活跃用户。

如果评论太多，难以逐一回复，那么可以选取具有代表性的问题专门制作一期短视频来回答。短视频创作者还可以置顶高质量的评论，引发用户讨论。

4. 私信互动

有时候用户会选择通过私信的方式向短视频创作者提一些问题或是分享一些事情，尤其是教程类、技巧类、分享类或者是旅游类的短视频中比较常见，短视频创作者看到之后要及时回复这些用户的留言。短视频创作者还可以在征得用户同意之后将私信的内容发布到平台上，这样其他用户看到之后也可能会做出同样的行为，从而与用户形成一个良性的互动循环。

5.2.4　建立社群，增强用户黏性

社群运营是指将群体成员以一定的纽带联系起来，使成员之间有共同目标、保持相互交往、形成群体意识，并形成社群规范。社群运营也就是把短视频平台的公域流量引入自己的私域流量池。

建立社群比较常见的方式是在有共同兴趣爱好的一群人中，如在喜欢玩游戏、旅游、写作和学习剪辑软件的群体中建立社群。短视频创作者可以根据短视频账号内容建立社群，如"游戏交流群""旅游交流群""写作交流群"等，一般用户在网上遇到与自己爱好相同的社群会尝试加入，这样短视频创作者就有了自己的专属流量池。大家可以在社群里沟通和交流，也可以通过社群了解和学习更多相关领域的知识，所以黏性更强，忠实度也比较高，后期变现也就更加容易。而且，社群也可以开展线下交流会等，以此来扩展流量池。

需要注意的是，社群运营的目的是把真正有需求的人集中在一起，然后进行精细化的运营。所以在投放流量的时候，创作者要注意对流量进行分层和沉淀，这是实现社群运营目的的有效方法。

5.3　渠道推广

短视频发布完之后，下一步的运营工作就是要进行短视频推广。要想通过短视频取得理

想的收益, 首先需要选对推广渠道, 那么短视频推广的渠道有哪些, 怎么选择适合的渠道呢? 下面一起来看一下。

5.3.1 短视频推广渠道分类

短视频推广渠道如表 5-2 所示。

▼ 表 5-2 短视频推广渠道

短视频推广渠道	具体内容
在线视频渠道	这类平台是一些视频网站, 如爱奇艺视频、优酷视频、腾讯视频、哔哩哔哩等。这些渠道主要通过视频网站的知名度来吸引用户, 同时也可以借助视频平台的粉丝助力推广
资讯类平台渠道	这类渠道通过自身系统的推荐机制分配推荐量, 比较常见的、适合短视频推广的资讯类平台有今日头条、百家号、企鹅媒体平台、一点资讯等
社交平台渠道	社交平台是指微博、微信、QQ 等社交软件, 这类渠道的特点在于传播性比较强, 用户的信任度比较高
短视频渠道	目前短视频播放平台很多, 如抖音、快手、美拍等, 通过这类渠道进行推广, 可以获得较高的播放量和曝光量, 也能够直接决定是否产生转化

5.3.2 选择合适的推广渠道

面对不同的短视频推广渠道, 应该怎么选择合适的渠道进行推广呢? 可以参照以下三条标准。

5-3　选择合适的推广渠道

1. 平台特性

不同的平台有不同的特性, 特性与用户群体挂钩。例如, 抖音的用户中, 一、二线城市的年轻用户偏多, 所以潮流、时尚类的短视频更加适合投放在抖音上; 快手用户的属性更接近下沉市场; 游戏类、动漫类的短视频更适合在哔哩哔哩投放等。所以在选择渠道之前, 要先确定账号的定位、账号的标签, 以及面向的用户群体等。了解了这些以后, 才能找到最适合的投放平台。

2. 平台规则

每一个平台都有自己的规则, 所以一定要按照平台的规则制作内容, 这样不仅不容易违反平台规则, 也会得到更多的流量。例如, 抖音的算法机制是去流量中心化算法, 即智能分发、叠加推荐、热度加权; 与抖音的 "以内容为中心" 不同, 快手的算法机制注重社交, 以人为核心, 以人带内容。

3. 拓展渠道

选择渠道, 运营一段时间且有一定的粉丝基础之后, 则需要考虑拓宽渠道, 把内容发布到更多的渠道, 扩大影响力, 这样做是为了尽量不依赖某一个平台。如果创作者只在某一个平台运营，积累了一定量的粉丝以后，当这个账号出现意外或者被封号时，那么之前取得的成果都变成了零。所以多平台投放可以有效规避这种风险，并且还能获得更高的曝光量。

5.4 数据分析

对短视频进行数据分析必不可少。数据分析就像拍摄短视频一样，短视频是通过手机或者相机将每一帧画面记录下来，而数据可以帮助创作者将每一次用户观看短视频的行为及反馈记录下来。

创作者通过数据分析可以发现账号问题，以便及时做出调整。例如，当遇到某个短视频的播放量急剧下滑时，就可以通过数据分析查出原因，如是这个短视频的内容不受欢迎，还是触犯了平台的某些规则，然后做出相应的调整。创作者通过数据分析还可以调整运营策略，如分析受众的活跃时间点、分析竞争对手账号的信息等，得到精准的用户画像和用户喜欢的内容，有针对性地优化内容。这样通过专业的分析制作的内容更能迎合受众的喜好，提高短视频的点击率和关注度，获得更多的流量，有助于短视频创作者创作短视频、运营短视频。

5.4.1 数据分析平台

如何进行数据分析，市面上又有哪些短视频数据分析平台呢？下面介绍两个专业的短视频数据分析平台。

1. 飞瓜数据

飞瓜数据由福州西瓜文化传播有限公司开发，是一个专业的短视频及直播数据查询、运营及广告投放效果监控平台，提供抖音数据和快手数据等，包括热门视频、音乐、抖音排行榜、快手排行榜、电商数据、视频监控、商品监控等功能。例如，热门视频包含抖音平台最新热点视频，通过行业排行榜、涨粉排行榜、成长排行榜、地区排行榜、蓝 V 排行榜等，可以快速寻找抖音优质活跃账号，了解不同领域关键意见领袖(Key Opinion Leader, KOL)的详细信息，明确账号定位、受众喜好、内容方向。分析账号运营数据，构建用户画像，明确粉丝活跃时间，了解用户的观看习惯，并同步列出近期的电商带货数据和热门推广视频，利用大数据分析主播的带货实力。实时监控账号数据，实时记录抖音主播 24 小时内粉丝、点赞、转发和评论的增量情况，纵向对比近期的运营数据趋势，可快速发现流量变化情况，更好地把控短视频运营的时机。飞瓜数据可以切换抖音平台、快手平台和 B 站平台，即切换至抖音版可以看到抖音平台的数据，切换至快手版可以看到快手平台的数据，如图 5-13 所示。但该平台免费功能有限，大部分功能都需要付费。

图 5-13

2. 卡思数据

　　卡思数据是国内领先的视频全网大数据开放平台，为创作者及广告主提供全方位、多维度的数据分析、榜单解读、行业研究等服务，图 5-14 所示为该网站的截图。卡思数据的主要功能是"网红"榜单查询、行业资讯、平台玩法等。免费版的榜单查询，可以查询到 TOP100 的"网红"；如果要使用更多高级功能，需要付费。

　　卡思数据商业版所涵盖的功能包括："网红"智选，帮助广告主分析一些"网红"；监测分析，对账号的一些数据进行分钟级的监测，实时把控数据变动；榜单查询，各短视频平台的"网红"榜；电商带货分析，热销商品榜和热门带货视频榜；创意洞察，分析热门视频素材。

图 5-14

5.4.2 数据分析的作用

　　短视频因为时间短，所以创作者要思考如何在短时间内抓住用户的眼球，这在一定程度上提高了短视频的创新程度。当内容发布后，结果都以数据为导向，而且变现方式多元化。

5-4　数据分析
的作用

1. 指导短视频创作方向

　　在创作初期可以用数据来指导创作方向，在初期选方向时尽量选择自己喜欢的，因为喜欢才能持续不断地输出内容。例如，创作者喜欢做饭，就可以制作 3 ～ 4 个美食类的短视频，获得数据后，主要分析播放量和点赞量。在运营初期可以通过这两个数据判断用户喜欢哪些美食视频，它有什么特点。例如，发布四个短视频，两个短视频介绍大菜的制作方法，另外两个短视频介绍快手菜的制作方法，发布短视频后，对数据进行分析，归纳特点、总结经验，然后在总结的基础上优化内容策划、拍摄和后期制作。这样制作短视频的方向就会慢慢地越来越清晰，创作者也就知道什么类型的美食、什么样的拍摄风格以及什么样的包装和后期制作吸引用户。

如果不清楚某个领域的短视频运营难度，先看一下同类型短视频账号的粉丝数量，可以大概判断出这个领域短视频的竞争程度。例如，同类型创作者特别多，而且粉丝数量也都很多，那说明在这个领域"涨粉"相对容易，可以尝试进入该领域。

2. 指导短视频发布时间

每个平台都有自己的流量高峰时间，短视频创作者一开始就要思考怎样能在流量高峰时间段里获得更高的曝光量。例如，在抖音上，创作者可以尝试在各个时间段发布短视频，观察在哪些时间段能够获得高推荐量和播放量；而像腾讯、爱奇艺这样的平台，可能刚发布时并不能马上获得较高的播放量，需要一周左右才可能看到数据增长。短视频创作者还可以通过分析同类型创作者发布作品的时间，来选取最适合自己的发布时间。

选择发布时间非常重要，同样的内容在不同的时间发布，效果有时候相差很大。

3. 指导构建用户画像

短视频创作者也要关注用户画像的特征。例如，男女的比例，如果女性居多，在制作内容的时候可以多从女性的角度出发，这样更能引起共鸣；还有年龄层次、地域的分布等。短视频创作者根据画像寻找用户的特征，并利用特征进行短视频创作。

4. 指导短视频内容

通常来说，分析的主要数据包括播放量、点赞量、评论量、转发量、收藏量和完播率等。短视频的质量通过这几个指标基本上就可以判断出来。一般来说，100 次播放对应 1 个赞，如果点赞的比例太低，说明内容的质量还有待提高。而评论量则间接表明了粉丝的黏性，如果评论量长期过低，那么应该与粉丝加强互动，提高粉丝的活跃度。

◉ 播放量

播放量是分析短视频时最直观的数据。播放量可以直接说明短视频的质量。短视频的播放量意味着内容的曝光量，也就是说，有多少人看到了这个短视频。对于做短视频运营的人来说，不仅要看短视频播放量，还要分析播放量高的短视频的共同点，总结经验。比如，可以通过收集前 100 个播放量高的短视频，分析短视频的选题内容、标题关键词，进而得到用户对哪些选题内容比较关心、标题为多少个字最好、标题中有哪些关键词的短视频推荐量比较大。通过数据分析，发现优质短视频的共同点，可靠性更高，对指导日后的短视频制作有着重要的参考价值。

◉ 点赞量

观看短视频的时候，用户看到喜欢的短视频会点赞，那么点赞意味着什么呢？

从平台来说，各个平台都想给用户带来好的体验，于是利用大数据技术分析用户的喜好，给用户贴标签。那平台是如何给用户贴标签、推送用户喜欢的内容的呢？一个很重要的方法就是根据用户浏览内容，也就是平台会利用大数据技术记录、分析每个用户浏览的内容，对用户点赞、留言、收藏的内容进行分析，然后给用户贴标签，后期再给用户推送内容的时候就会直接推送其可能感兴趣的内容，吸引用户的眼球。所以很多人在运营短视频的时候，都会引导用户点赞、留言、评论。理解了这层意思，就明白分析视频点赞量的意义了。另外，更重要的一点是，用户的点赞量会直接影响短视频的播放量。以抖音短视频平台的推荐机制为例，短视频的点赞量越多，意味着用户对该短视频的喜爱程度越高。

○ 评论量

短视频作为新媒体，其一大优势就是创作者和用户之间的双向互动性，这是传统的大众媒体几乎无法比拟的。用户观看短视频后，通过短视频下方的评论区可以发布自己的观点，提升参与感。一条短视频的评论量越多，说明有越多用户关注这个短视频。因此，分析短视频的评论量对于优化短视频的选题内容，提升粉丝黏性有重要的意义。

此外，更重要的一点是，短视频有用户评论才会有更多的人关注。这样会持续形成一个螺旋式的传播过程，以至于其他用户在看短视频的时候即便对内容不感兴趣，但好奇心也会驱使其观看评论，或者参与评论。这样一来，就会吸引更多的用户观看这个短视频，短视频的播放量也就不断得到提升。

○ 转发量

短视频还有一个显著的特点就是可以分享，也就是转发。用户看到好的短视频之后会自发性地转发、分享给自己的亲朋好友，这样短视频就会达到裂变式的传播效果。用户的分享、转发对提升短视频的播放量有着非常重要的影响。

另外，转发、分享还可以为创作者吸引更多精准的粉丝。对于一些想涉足电商或者线上销售的创作者来说，用户的转发、分享可以为他们带来更多精准的粉丝，提升粉丝量和营销的精准性。

○ 收藏量

运营短视频需要不断地做选题策划、写短视频拍摄脚本，可是创作者经常会苦恼自己制作出来的短视频的数据表现不好，没有得到平台和用户的青睐。如果做好数据分析就会减少一些这方面的烦恼。例如，分析短视频收藏量，尤其是教程类的短视频，用户进行收藏说明该短视频对他来说有一定的价值和意义。

另外，短视频的收藏量也说明了用户对选题内容的喜爱程度，这对策划短视频选题内容也有很高的参考价值和意义。所以，那些还在为短视频选题苦恼的创作者们应该多关注短视频的收藏量，并参考短视频的收藏量策划短视频的选题内容。

○ 完播率

完播率是指短视频的播放完成率，即所有看到这个作品的用户中，有多少人看完了这条视频，即看完视频的用户数／点击观看视频用户数 ×100%= 完播率。例如，10 个用户中，有 3 个用户看完了这个视频，完播率就是 30%。完播率是评价短视频质量的一个重要指标，是很多平台判断短视频质量优先考虑的数据，其重要性有时候甚至超过了点赞量、评论量、转发量和收藏量等数据。

所以，制作视频的时候要从题材、拍摄手法、剪辑、标题等多个方面着手，尽量做到最好，这样短视频的质量才会有比较大的提升。

以上几个数据指标就是分析短视频质量的常见指标、在运营过程中，创作者还可以分析退出率、平均播放时长等指标，这对于优化、调整选题内容有着重要的指导作用。

除了要关注以上几个方面之外，创作者还要关注账号每日的净增粉丝量，以来判断作品内容是否有吸引力。此外，也要关注同类型短视频、热门短视频的数据，关注最新的热门话题，是否可以借助热度等。

本章习题

一、填空题

1．一般来讲，短视频标签个数在_____个，每个标签的字数在_____个。

2．用户运营的核心目标主要包括_____、_____、_____和_____。

3．_____是指将群体成员以一定的纽带联系起来，使成员之间有共同目标、保持相互交往、形成群体意识，并形成社群规范。

二、选择题

1．在用户运营中，吸引粉丝关注的方法不包括（　　　）。

A．以老带新

B．借助热点

C．合作推广

D．买粉丝

2．抖音申请个人认证需满足的条件不包括（　　　）。

A．发布视频数≥1个

B．粉丝量≥1万

C．账号注册≥30天

D．绑定手机号

3．保持短视频的更新频率，不包括（　　　）。

A．一个月甚至好几个月更新一次

B．固定更新时间

C．把握更新时间点

D．激发用户的观看欲望

三、简答题

1．列举短视频推广的四种渠道并举例说明。

2．阐述短视频运营中数据分析的作用。

3．阐述评估短视频质量的主要数据。

第6章

短视频的商业变现

当短视频依靠优质的内容和有效的运营、推广，账号积累了一定数量的粉丝时，短视频创作者就需要考虑商业变现了。变现既是对创作优质内容的回报，也是支撑创作者继续输出优质内容的动力。因此，创作者要了解短视频流量变现的有效途径，获取短视频的商业价值。

关于本章知识，本书配套的教学资源可在人邮教育社区下载使用，教学视频可直接扫描书中二维码观看。

6.1　广告变现

广告变现就是短视频创作者直接在自己的作品中接入广告，用户在观看短视频的过程中看到广告，进而产生购买行为，实现变现。

短视频平台积累了庞大用户群体，拥有清晰的用户画像，表现方式丰富，能够充分满足场景的构建需求，因此深得广告主青睐和重视，已经成为广告投放的重要领域。广告变现是常见的短视频变现方式之一，广告形式主要包括植入式广告、贴片广告、冠名广告和品牌定制广告等。

6.1.1　植入式广告

植入式广告是将广告主的品牌、产品植入短视频的剧情中，让用户在观看过程中不知不觉形成记忆，进而了解广告主的产品或服务。与传统广告相比较，植入式广告的吸引力要更强，且已经被大多数人接受。尤其是最近几年，在植入式广告不断创新的情况下，内生广告中的创意中插广告顺势而生，这种植入式广告的分成也非常可观，而且用户的接受程度也比较高，不容易影响用户的观看体验。

植入式广告主要有以下几种。

1. 台词植入

台词植入是指演员念出台词，从而把产品的名称、特征等直白地传达给用户，这种方式很直接，也很容易得到用户对品牌的认同。不过在进行台词植入的时候要注意，台词衔接要恰当、自然，不要强行插入，否则很容易让观众反感。例如，微博某知名博主经常用创意十足的方式口播广告，这种方式不仅延展了视频的故事性，也很好地宣传了产品，可谓一举两得。而用户也丝毫不觉得生硬，反而觉得很有趣味。例如，该博主在一条短视频中植入的手机广告就很受欢迎，转发量、评论量和点赞量都很高，如图 6-1 所示。

图 6-1

2. 道具植入

道具植入方式比较直观，就是将需要植入的物品以道具的方式直接、自然地呈现在用户面前，很多短视频创作者都是用这种方式来达到品牌宣传的目的。不过在这种方式中，要遵循适度原则，如果频繁地对道具进行特写，可能会让用户觉得目的性太强，引起用户的反感。

3. 场景植入

与道具植入不同的是，场景植入是把品牌、产品融入场景，通过故事的发展逻辑自然而然地介绍品牌。例如，某演员原创的《防寒取暖宝典》短视频，一人分饰 6 角，风格幽默、诙谐，展示了 4 种不同的取暖场景，将某品牌地暖产品的特点和优势以对比的形式巧妙植入，如空调取暖场景，虽然温度舒适，但热空气让人的皮肤极度干燥、容易上火，空调又非常耗电，并非理想选择，而该产品则能弥补这些方面的不足，如图 6-2 所示。该视频总播放量超过了 1843 万次。

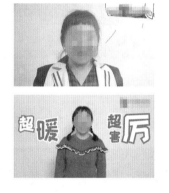

图 6-2

4. 奖品植入

奖品植入是在短视频中通过发放一些奖品来引导用户关注、转发、评论的广告植入方式。这种方式也是短视频创作者经常用的一种广告植入形式，如发放某个店铺的优惠券、某个产品的代金券或者直接把某些礼品送货上门等。

5. "种草"植入

"种草"植入常见于美食、美妆、测评和穿搭类的短视频。当用户通过观看短视频学习化妆的时候，会自然加深对化妆品的记忆，过程中如果 KOL 可以对相关商品进行讲解和推荐，就会达到事半功倍的效果，极大程度地刺激用户的购买欲望。例如，抖音某美妆博主在抖音短视频中会对产品进行讲解，激发用户的购买欲望，如图 6-3 所示。

6. 剧情植入

剧情植入方式是指将广告自然地与剧情结合起来，在引导用户观看短视频内容的同时，让用户看到产品的信息。一般作品都会有一个特定的主题，在短视频的前半部分创作者应根据自身风格来进行主题的叙述，后半部分再进行巧妙的转换，创造情景来对后面的广告植入进行铺垫。最终，整个短视频以一种轻松、诙谐的形式展现出来，又巧妙地植入了广告内容。

例如，抖音某博主的广告主要以剧情为核心，通过小人物的逆袭实现剧情的反转，击中了用户的爽点，从而吸引用户的注意力。而她在向用户展现由丑到美的过程中，也把产品软性植入了剧情中，让用户更容易接受，如图6-4所示。

图 6-3　　　　　　　　　　　　　　　　图 6-4

6.1.2　贴片广告

贴片广告是指在短视频播放之前、结束之后或者插片播放的广告，其紧贴短视频内容，通过展示品牌来吸引用户的注意，是短视频广告中最明显的广告形式，属于硬广告。图6-5所示为某品牌汽车发布在微博平台上的贴片广告，右上角显示了可关闭广告的倒计时。

图 6-5

贴片广告主要分为以下两种形式。

（1）平台贴片：大多是前置贴片，即在播放短视频之前出现的广告，以不可跳过的独立广告形式出现。

（2）内容贴片：大多是后置贴片，即在短视频播放结束后追加的广告。

贴片广告主要有以下优势。

（1）触达率高：只要一打开短视频，用户大多会接触到贴片广告。

（2）传递高效：与电视广告一样，贴片广告的信息传递效率高且内容丰富。

（3）互动性强：由于形式生动、灵活，贴片广告的互动性也更强。

（4）成本较低：贴片广告不需要投入过多的经费，成本较低，播放率较高。

（5）抗干扰性强：在广告与短视频中间不会插播其他无关内容。

由于短视频时间比较短，所以要尽量避免采用贴片广告这种影响用户体验的广告形式。如果实在避免不了，也可以把广告放在片尾彩蛋处，减小对用户体验的影响，保证自身的品牌形象。

6.1.3 冠名广告

冠名广告是指在短视频内容里加上赞助商或广告主名称进行品牌宣传，进而扩大品牌影响力的广告形式。

冠名广告主要有三种形式，如图 6-6 所示。

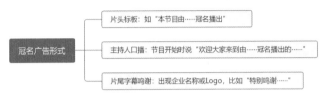

图 6-6

目前，冠名广告在短视频领域的应用还不是很广泛。一方面是因为这类广告需要企业投入较多资金，企业在平台和节目投放这类广告时会非常慎重；另一方面是因为这种广告形式比较直接，相对而言较为生硬。所以很多短视频平台和自媒体人不愿意将冠名广告放在片头，而是放在片尾，以减少对自己品牌的影响，避免用户反感。

例如，2020 年 3 月网易传媒推出了一档名为《我是医者》的纪实类短视频节目，谈及创作初衷，主创团队表示，市场上不缺短视频，缺的是让人有点击欲望、记得住的优质短视频，《我是医者》就是这样一个有内容、有温度的短视频。因为贴合时下热点、话题性强、制作精良，《我是医者》在业内赢得了广泛的关注和讨论。《我是医者》由某品牌冠名，在该短视频的片尾出现了该品牌的 Logo，并用醒目的字幕感谢该品牌赞助，如图 6-7 所示。

图 6-7

6.1.4 品牌定制广告

品牌定制广告是指以品牌为中心，为品牌或产品量身定制内容的广告形式。这种广告形式将内容主导权下放给品牌，短视频内容为如何更好地表达品牌文化和价值服务。广告商依据不同品牌的风格和不同的传播目的，有针对性地制定专业的传播策略，充分利用短视频平台的优势，保证品牌在内容方面拥有更大的纵深空间，而且定制的内容可以让广告更加原生和自然，以便更好地传达企业的品牌文化和理念，消除用户对广告的芥蒂。这种广告形式的变现更高效，针对性更强，受众的指向性也更明确，但制作费用较高。

在品牌广告短视频中，主要有以下几种提升品牌影响力的方式。

1. 品牌叙事

在短视频中，品牌创始人可以叙述自己的创业故事，讲述创业过程和创业理念，引起用户的共鸣，使用户对创始人产生好感，从而对创始人所创立和拥有的品牌产生更大的兴趣。

2. 场景故事化

几乎没有人喜欢看广告，但几乎没有人不喜欢听故事。因此，短视频创作者可以将品牌化为一个元素或者一种价值主张，融入一个富有感染力的故事中，通过再现日常场景，在短视频中营造代入感，从而吸引用户的注意力，打动他们，转变其消费观念。

例如，短视频平台三感 video 出品的短视频节目《三感故事》中的一期《他不常把爱你挂嘴边，却愿意用一生去爱你一人！》，讲述了一个男生和一个女生相爱的故事。男生性格木讷，不善于表达，让喜欢浪漫的女生频频受挫，但男生喜欢用实际行动来表达对女生的爱，如突然买了女生喜欢吃的蛋糕，外出散步时脱下外套给女生保暖，出去旅游

图 6-8

时为女生收拾行李箱，把女生的照片时刻放在身边等。在短视频的结尾，男生拿出钻戒向女生求婚，随后出现该品牌钻戒的 Logo，如图 6-8 所示，女生热泪盈眶，答应了男生的求婚。片尾字幕中出现了一段话："你有没有这样一个男朋友，他也许不会把爱挂在嘴边，却愿意用一生去爱你一个人。"该品牌也传达了"男士一生仅能定制一枚""一生唯一真爱"的品牌主张。短视频内容以男女之间真诚的爱情打动用户，进一步提升了该品牌钻戒在用户心中的认知度。

3. 产品展示

短视频创作者可以在短视频中展示产品的制作过程、使用技巧和相关创意等，从而在用户脑海中留下深刻的印象。

例如，某短视频账号为某冰激凌品牌定制的短视频《学会这道甜品，你就能让任何人……》中，甜品师通过将该品牌的冰激凌和甜点相结合的创意性料理，呈现了该品牌的冰激凌丰富的造型，展现其制作过程，让用户印象深刻，如图 6-9 所示。

图 6-9

4. 主题理念

在短视频中，创作者可以将品牌理念融入短视频主题，并贯穿始终，向用户展示商品信息，让用户了解品牌的具体信息。

图 6-10

例如，法国某品牌曾发起"识厨解味"系列活动，秉承品牌 300 余年的传承精神和"好奇于心"的创新风范，携手知名大厨深入挖掘厨艺背后的味觉故事和灵感之源。在一条定制的短视频《他 20 岁红遍亚洲，却放弃所有回国学习……》中，某出色的川菜厨师讲述了自己学习川菜的过程、在国外的经历和成就，以及回国创业的动机，还展示了自己最拿手的菜品，谈到了自己的人生观和价值观。每位出色的厨师不仅是味觉的缔造者，更是了不起的生活家。所谓美食之味，一味烹饪，一味生活，正是他们双味人生的真实写照。而该品牌主张的"识厨解味，入味生活"，也是希冀人们在享受美味的同时，可以感受到美食背后生动、鲜活的根源之美，如图 6-10 所示。

5. 制造话题

要想让品牌广告产生巨大的冲击力，短视频创作者要找到用户群体感兴趣的话题，搜集用户切实关心的问题，并借助短视频丰富的表达形式有意识地制造话题，引发用户的广泛讨论。

图 6-11

例如，某知名美妆品牌上线了一支以某知名拳手为女主角的短视频，自从在终极格斗冠军（Ultimate Fighting Championship，UFC）的赛场上，她打败了史上最优秀的波兰女拳手，就吸引了许多人的目光。其在赛场上的精彩表现使许多人为之鼓掌，更多人为她不服输的精神所打动。而此次，该美妆品牌选择这位运动型女性来代言，引发了不小的热议。该品牌之所以选择她，是因为她个性刚强，重新定义了女性给世人的印象，应了那句"女性不该被定义"的广告语。而她代言的产品是该品牌的粉底液，是一款遮瑕力和持久力突出的产品。如何证明产品的防水性和防汗性？由经常流汗的女拳击手来诠释再合适不过。画面中她在场上场下挥汗如雨，脸上的妆却没有丝毫瑕疵。这一广告既体现了女性的力量之美，又展现了该品牌粉底液持久、不脱妆的卖点，精准击中了很多品牌的粉底液脱妆、不持久的痛点。针对这次代言，网友们在下面纷纷留言："你们终于找了一位不错的代言人。""跟这位拳手合作，让我心生好感了，有内在更美！"如图 6-11 所示。

6. 用户共创

用户共创是一种通过适当的规则和引导，由产品的使用者参与整个产品研发和上架的过程，让他们提出自己的想法和反馈的方式。这让企业在了解用户的同时，用户也能更好地传达自己的观点，实现自己的智慧价值，从而让企业与用户实现双赢。在短视频中运用 UGC 模式，让用户参与短视频创作，更好地通过真实人物、真实故事来表达真情实感。这种短视频与用户有着高度的关联性，会让用户产生强烈的心灵震撼。

例如，北京世相科技文化有限公司（以下简称"新世相"）曾联合科沃斯机器人发起"中秋为什么不想回家"的活动，号召人们在中秋节这一天买机票回家和父母好好谈谈，并在线征集十个故事。新世相的团队人员跟随参与者一起回到其老家，和他们的父母坐在一起，在饭桌上谈论一些与年轻人有关的话题，如工作、情感、晚婚等，参与者与父母面对面交流，真诚地进行沟通。最后，工作人员选取了其中五组参与者与其父母的对话录制成了短视频《爸，其实我……》，并在短视频的最后写道："科沃斯机器人 是机器人，更是家人"，如图 6-12 所示。

作为品牌合作伙伴，科沃斯机器人通过这次活动和新世相发布的短视频向用户传递了品牌的价值观。另外，科沃斯机器人主打"家庭陪伴"的理念，也与新世相在这次活动中"对父母敞开心扉"的主题相契合。

图 6-12

6.2 电商变现

在短视频浪潮的推动下，内容电商已经成为当前短视频行业的一大趋势。越来越多的企业、个人通过发布原创内容，并凭借基数庞大的粉丝群体构建自己的盈利模式，电商便成了他们探索商业模式过程中的一个重要选择。"秒杀"、满减、买赠、折扣等品牌主在电商平台上获取流量的方式，已越来越难行得通。而内容成为消费转化的起点，内容电商正成为新的流量入口和未来发展趋势，它深度融合了内容传播渠道和产品销售渠道。

内容电商是指短视频创作者将有需求价值的内容（通过内容引发需求，也就是让人"种草"的内容），通过品牌主、电商平台及各种资源的整合传播，精准触达目标用户，从而实现购买转化。内容电商的核心不是直接卖货，而是基于有需求价值的内容刺激用户的需求，影响用户的购买行为。

短视频电商变现有淘宝客推广模式和自营品牌电商推广模式两种。

6.2.1　运用淘宝客推广模式

淘宝客是一种按成交计费的推广模式，也指通过推广赚取收益的一类人。

淘宝客从淘宝客推广专区获取商品推广代码（即淘口令），买家通过推广链接或者淘口令进入淘宝卖家店铺完成购买后，淘宝客就可得到由卖家支付的佣金。简单来说，淘宝客就是指帮助卖家推广商品并获取佣金的人，其佣金等于成交额乘以佣金比率。

2009 年 1 月 12 日起，国内网络营销平台"淘客推广平台"正式更名为淘宝客。2010 年 3 月 19 日，基于淘宝客的"淘宝联盟"成立，淘宝网针对中小站长以

图 6-13

及网络合作伙伴推出这一平台。所有用户都可以申请加入淘宝联盟，当注册申请通过后，即可成为一名淘宝客。2010—2012 年，淘宝客的发展十分迅猛，至今已经衍生出了很多类型，如店铺淘客、社群淘客、朋友圈淘客和短视频淘客。短视频淘客是指在各种短视频平台上帮助卖家推广商品而获取佣金的人。以抖音平台为例，在抖音电商功能开放后，很多抖音淘客与电商合作，在发布的短视频中加入商品链接，当发布的短视频成为"爆款"之后，会增加客流，抖音淘客就可以从中赚取可观的佣金，通过卖货进行变现。

例如，某穿搭博主在抖音发布了有关穿搭的短视频，在短视频中设置了商品链接，若用户感兴趣就可以点击购买，如图 6-13 所示。

当然，抖音淘客不仅可以添加淘宝店铺的商品，还可以添加抖音自有商城精选联盟的商品，包括淘宝、天猫、京东或实体店铺的商品，也可以直接开通抖音小店。

抖音淘客要想提高商品的高转化率，除了在内容创作上要有创意之外，选品也是一个重要的因素，选品策略如下。

1. 客单价要低

抖音的用户以一、二线城市的年轻用户群体为主，且女性居多，因此抖音平台更适合销售与衣食住行、吃喝玩乐等相关的商品，如零食、潮流的衣服、有趣的小商品等。这些商品的客单价较低，一般不会超过 100 元，而且若用户领取了优惠券，客单价会更低。

人们使用抖音大多是为了娱乐，很少是为了专门购物，所以在短视频电商模式下，抖音用户的消费大多属于感官刺激下的冲动型消费，较低的客单价可以使用户快速做出购买决策。有时候短视频内容做得很好，但是客单价很高，用户决策的时间就会变长，放弃购买商品的可能性就越大。

2. 借助大数据选品

抖音淘客可以使用比较专业的数据平台，如飞瓜数据、卡思数据等，查看抖音平台的电商短视频的相关数据，了解销量大或销量呈上升趋势商品的数据后，选择适合自己并容易推广的商品。飞瓜数据抖音商品榜前 5 名的相关数据如图 6-14 所示。另外，抖音淘客还可以在各大电商平台搜索与自己垂直领域相关的商品，作为选品依据。

图 6-14

3. 根据用户需求选品

不管是发布短视频还是选品，都要符合用户的需求，提供用户所需要的价值。抓住用户痛点的商品，不但有很高的变现转化率，而且利润空间也很大。例如，多功能切菜器抓住了用户在日常生活中的痛点，在家做饭的用户用它后就不用担心切菜时不小心伤到手。

抖音平台的主流用户是一、二线城市的年轻群体，他们喜欢潮流、炫酷、有创意、好玩的事物，因此像快消品、新奇产品、女装、化妆品、家居日用、宠物用品、食品等都适合在抖音上推荐、销售，如泡泡机、兔帽子等商品成了抖音"爆款"商品。

4. 加入验货群

很多店铺为了推出"爆款"商品，会专门建立验货群。在推广某种商品之前，他们会给群里的淘客提供免费的样品，供淘客试用，然后获得其使用反馈。使用反馈一般以图片或视频形式呈现，这也为淘客带货提供了素材。

现在有很多店铺专门通过抖音淘客的推广获取流量和用户。抖音淘客可以关注这些店铺销量靠前的几款商品，从中选择适合自己的商品。

5. 利用返利网或电商 App

抖音淘客可以利用返利网或电商 App，如选单网、淘宝联盟和大淘客等，选择与自己相关领域相同的分类，查看这一类型商品的销量排行。一般来说，销量高的商品是抖音平台经常推荐的。由于这些商品的价格便宜、销量大，用户的购买倾向很强，从中选择适合自己的商品进行推广即可。

6.2.2　自营品牌电商推广模式

自营品牌电商推广模式分为两种：一种是通过短视频打造个人 IP，建立自己的个人电商品牌；另一种是通过短视频为自建电商平台导流。

1. 个人电商品牌

个人电商以 PUGC 为主，他们通过打造个人品牌、成为大流量 KOL，凭借自身的影响力为自有网店引流。这些 KOL 在上传短视频之后，会在短视频中添加商品链接，当用户对短视频中的商品感兴趣时，就可以直接点击商品链接跳转到网店页面进行购买。

例如，抖音某美食类短视频创作者持续创作了大量优质短视频内容，为自己积累了知名度，打造出了个人品牌，并在此基础上开设了自己的网店，在网上销售短视频中的商品。图 6-15 所示为该短视频创作者发布的一条制作糟辣酱的短视频，在短视频下方放置了商品链接，只要用户观看该短视频，若对该商品有兴趣，便可以点击链接进入网店进行购买。

2. 自建电商平台

自建电商平台以 PGC 为主，品牌方通过创作优质的短视频内容为自营平台引流，吸引用户进行流量变现。如今随着电商平台的发展，很多品牌建立了自营店，将品牌自营作为商业策略中的重要一环，品牌自营也成为很多大品牌的既定商业动作。

例如，自媒体平台"一条"以短视频起家，后来走上了短视频内容的电商变现之路。"一条"一般把内容和品牌信息结合起来，进行软广告植入，既有效传递了品牌理念，又增强了用户的信任感和依赖感。

"一条"在短视频平台积累足够的用户之后，不仅在短视频平台推送优质的短视频内容，还在微信公众号发布包括图文、短视频等形式的优质内容。图 6-16 所示为"一条"微信公众号页面及推送内容。

图 6-15

图 6-16

"一条"不仅在短视频内容中软性植入商品信息，还在微信公众号上设置了"生活馆""实体店铺"等，专门销售店铺的商品，推广自己的实体店铺和 App，如图 6-17 所示。

图 6-17

"一条"的目标用户定位是追求生活品质的高知人群，因此其自建的"一条生活馆"电商平台主要销售高品质商品。"一条"对目标用户群体的潜在需求进行充分挖掘，商品以极简风格为主，颇受目标用户群体的喜欢。"一条"在线上汇聚了大量优质的品牌和产品，但其创始人仍将目标瞄准线下，在他看来，"一条"的线下空间是最重要的获客渠道。对于新零售，"一条"的目标是将线上、线下打通，将线上的大量用户群体往线下引流，同时将线下的用户转移到线上。图 6-18 所示为"一条"线下体验店。

图 6-18

6.3 用户付费视频内容

如果短视频内容足够优质并且可以抓住用户痛点，那么在其中植入广告便可以在很大程度上激发用户的购买欲望。

付费对于用户而言就是一个过滤器，可以自动筛选优质内容，节约用户的注意力成本，同时让用户在完成付费行为时产生满足感和充实感。对于短视频创作者来说，付费是帮助他们筛选核心目标用户、创造价值的方式。用户付费主要分为用户打赏、购买特定产品和会员制付费三种模式。

6.3.1　用户打赏

随着打赏功能的出现，越来越多的用户开始为自己喜欢的短视频付费。从长远来看，订阅打赏是未来短视频行业十分可行的盈利模式。 例如，快手、美拍等短视频平台都开通了付费礼物打赏功能。而对短视频创作者来说，需要做的是让用户主动订阅、打赏。因此，短视频创作者要激发用户的帮助心理，即让用户知道，他们的订阅、打赏行为是短视频创作者创作优质短视频的动力。

6.3.2　购买特定产品

随着视频网站会员制度、数字音乐专辑的推出，用户为优质互联网内容付费的习惯正在逐渐养成，内容付费市场的潜力巨大。与长视频和音频相比，时长更短、信息承载量更丰富的短视频逐渐成为内容付费市场的重要构成部分。

短视频内容付费的本质是让用户花钱购买特定短视频内容。因此要想让用户付费，短视频内容必须具有价值性和排他性——短视频内容有价值，自然有人愿意付费，而人们往往更愿意为独家的内容付费。

综合来看，购买特定产品付费模式具有广阔的发展前景，其主要有以下两种方式。

1. 销售专业知识

对用户来说，知识的专业性越强，价值就越大，越值得购买。要想吸引用户付费，专业知识还需要具备以下两个特征。

◉ 关联性

并非所有专业知识，用户都会购买。只有与用户的生活和工作紧密相关的专业知识，如企业管理、沟通方法、办公技巧、法律、理财等方面的专业知识，可以帮助用户获得知识或提升技能，才能吸引用户付费。例如，新片场出品的一档视频教学栏目《电影自习室》，主要面向初级影视爱好者分享影视制作方面的技巧、心得，一共 16 集，每集 3 ～ 5 分钟，售价为 299 元，预售阶段的销量为 100 多万套，两个月的销量近 200 万套。

◉ 稀缺性

稀缺性意味着强大的竞争力。由于现在网络资源十分发达，如果短视频中的专业知识随处可见，那么用户产生购买欲望的可能性很小。因此，短视频中的专业知识要有稀缺性，专业性强且稀缺的知识对用户的吸引力往往会更强，用户付费的可能性就越大。

2. 销售垂直细分领域知识

短视频创作者可以聚焦某一垂直细分领域，在该领域持续输出优质内容，从而吸引对该领域感兴趣的用户。销售垂直细分领域知识，就是以细分的深度吸引相对小众的用户群体付费观看。短视频知识垂直度与细分度越高，越能吸引某一类用户群体付费购买。

例如，看鉴微视频 App 是一个以文史知识为主的垂直类短视频，其上线的付费短视频内容涵盖了人文历史、地理和奇闻趣事等，如图 6-19 所示。

在销售垂直细分领域专业知识时，可以从以下几点切入。

图 6-19

（1）服务某类目标人群。例如，教育相关内容，以学生为目标人群；美妆相关内容，以年轻女性为目标人群；母婴相关内容，以准妈妈与新生儿的父母为目标人群等。

（2）深入挖掘某类主题知识。在一个领域做精、做专，如金融、旅游、美妆、服装等领域，从而精准吸引对该领域感兴趣的用户。

（3）聚焦某类场景知识。场景知识是对主题知识的进一步细分，如科普急救知识，是对医疗卫生知识的细分；探讨恋爱技巧，是对爱情主题知识的细分；聚焦谈判心理，是对职场心理知识的细分。若用户在某类场景中遇到了问题，自然会主动付费观看。

（4）聚焦某类社交知识。例如，聚焦问答、辩论、约会、唱歌和跳舞等领域，只要短视频内容对这些社交活动有所帮助，用户也会付费观看。

综合来看，短视频创作者要想做好垂直细分类短视频的变现，首先要找到核心目标人群，再通过直击用户痛点的知识点吸引用户关注，并用符合其特质的内容和社区氛围增强用户黏性，从而实现短视频的变现。

6.3.3　会员制付费

会员制付费模式早已在长视频领域得到了广泛应用，如用户在观看腾讯、爱奇艺和优酷等平台的视频时，经常会出现付费才能观看完整版的情况或者观看当下热播的视频内容时，要想抢先一步观看更多内容也需要付费。

现在很多短视频平台开始借鉴长视频的会员制付费模式，推出短视频会员制付费模式，主要基于以下四个方面的原因。

（1）短视频平台逐渐发展成熟，需要考虑构建更多的盈利模式。

（2）长视频付费业务的推出使视频付费业务迎来发展的风口。

（3）越来越多的用户对短视频内容提出了更高的要求，优质短视频内容的市场也在不断扩大。

（4）用户愿意为短视频内容买单，而且付费的精品短视频内容逐渐受到市场的认可与欢迎。

在短视频付费服务方面，国外的短视频巨头 YouTube 早在 2015 年宣布 YouTube Red 计划时就推出了会员制付费模式，而且形成了非常好的发展形式。在该形式下，会员可以观看非会员用户无法观看的优质短视频内容；会员可以保存和下载短视频内容，进行离线观看；在观看短视频时，会员可以跳过广告，提升观看体验。

目前，很多短视频平台的购买特定产品模式和会员制付费模式相互融合，用户既可以选择性地只付费观看其中一条自己喜欢的短视频，也可以在购买会员之后免费观看大量的优质短视频内容。例如，在看鉴微视频 App 会员专区中，在短视频页面下方有"购买""加入 VIP 全场免费看"按钮，这就是短视频中购买特定产品模式和会员制付费模式相互融合的表现。

6.4　直播变现

近年来，直播的发展呈现出非常明显的增长趋势，众多知名主播的出现，以及艺人、企业家的纷纷入局，让直播成为人们喜闻乐见的内容呈现方式，也成为短视频新的变现趋势，并被越来越多的人接受。

6-1　直播变现

在初创期，直播的内容以及变现模式都较为单一，变现依靠用户打赏分成；而在成长期，以导购分成为代表的增值业务、广告业务、游戏联运等业务也逐渐壮大，直播的变现模式逐渐清晰、多元化。下面介绍直播变现的几种方式。

6.4.1　打赏模式

打赏模式是指观众付费充值买礼物送给主播，然后平台将礼物转化成虚拟币，最后主播对虚拟币提现，并由平台抽成。如果主播隶属于某个工会，则由工会和直播平台统一结算，主播获取的则是工资和部分抽成。这是最常见的直播类产品盈利模式。当然伴随着直播平台的升级和优化，礼物系统也更加多元化，从普通礼物到豪华礼物，再到能够影响主播排名的热门礼物、VIP 用户专属的守护礼物，以及当下流行的幸运礼物，无一例外都是为了进一步刺激用户充值，提升平台收益。

6.4.2　带货模式

带货模式是指主播通过直播展示和介绍商品，让卖货不受时间和空间的限制，并且可以让用户更直观地看到和体验产品。用户看直播时可直接购买商品，直播间可以此获得盈利。电商企业一般会采取此种模式。

6.4.3 承接广告

承接广告是指当主播拥有一定的名气之后，商家会委托主播对他们的产品进行宣传，然后主播收取一定的推广费用。在直播中可以通过带货、产品体验、产品测评、工厂参观、实地探店等形式满足广告主的宣传需求。这种变现方式中广告一般是主播私下承接的，平台不参与分成。平台也可在App、直播间、直播礼物中植入广告，按展示/点击与广告商结算费用，这也是一种变现形式。

6.4.4 内容付费

内容付费是指粉丝通过购买门票、计时付费等方式进入直播间观看，如一对一直播、在线教育等付费模式的直播。能够吸引粉丝付费的直播一般内容质量较高，因为好的内容才可以有效地留住粉丝，也为平台和主播带来新的变现方式。

6.4.5 企业宣传

企业宣传是指由直播平台提供技术支持和营销服务支持，企业通过直播平台进行如发布会直播、招商会直播、展会直播、新品发售直播等多元化直播。这种方式可为企业打造专属的品牌直播间，助力企业宣传，实现传统媒体无法实现的互动性、真实性、及时性。

6.4.6 游戏付费

为了增加直播的趣味性和互动性，直播间增加了小游戏功能。游戏付费是指粉丝在平台充值获取游戏币，从而参与直播间的小游戏。直播间的小游戏功能不仅带动了直播的氛围，也为主播和平台带来了收益。

除了以上6种变现方式，联合举办线上线下活动、广告引流、版权发行等都是直播有效的变现方式。

本章习题

一、填空题

1. _____是指短视频创作者直接在自己的作品中接入广告，使用户在观看短视频的过程中看到广告，进而产生购买行为，实现变现，是常见的短视频变现方式之一。

2. _____是指在短视频播放之前、结束之后或者插片播放的广告，其紧贴短视频内容，通过展示品牌来吸引用户的注意，是短视频广告中最明显的广告形式，属于_____。

3．_____是一种按成交计费的推广模式，也指通过推广赚取收益的一类人。

4．个人电商以_____为主，他们通过打造个人品牌、成为大流量 KOL，凭借自身的影响力为自有网店引流。

5．自建电商平台以_____为主，品牌方通过创作优质的短视频内容为自营平台引流，吸引用户进行流量变现。

二、选择题

1．植入式广告不包括（　　）。

A．台词植入

B．场景植入

C．奖品植入

D．贴片广告

2．下列不属于贴片广告的优势是（　　）。

A．触达率高

B．传递高效

C．互动性强

D．成本较高

3．关于各个短视频平台的扶持政策，下列说法中错误的是（　　）。

A．2019 年 3 月，抖音率先对部分知识科普类账号开放了 5 分钟长视频权限，同期还启动了"DOU 知计划"，为平台组建了由中国科学院、中国工程院院士等专业人士组成的抖音科普顾问团，举办了"DOU 知短视频科普知识大赛"

B．2019 年，快手推出众多扶持政策，包括"创作者激励计划""快接单""光合计划""双 10 计划"等

C．2019 年 5 月 31 日，微博宣布上线"Vlog 星计划"，将从流量扶持、现金激励、账号认证、活动支持、深度合作和平台招商 6 个方面对 Vlog 领域内容进行扶持，全力发展 Vlog 内容，扶持优秀 Vlogger

D．2019 年 7 月 23 日，西瓜视频宣布针对 Vlog 内容推出"万元月薪"计划，设立百万创作基金、亿元现金分成池，投入百亿流量，帮助优秀 Vlogger 实现月薪过万，激励其长期创作优质内容

三、简答题

1．简述短视频电商变现的两种模式。

2．列举用户付费的三种模式。

3．简述抖音"爆款"产品的选品策略。

第7章

抖音短视频的制作

以抖音为代表的手机短视频App非常受欢迎，拍摄抖音短视频已经成为大众向外界展现自我的方式之一。本章将介绍几种比较热门的抖音短视频的制作方法。

关于本章知识，本书配套的教学资源可在人邮教育社区下载使用，教学视频可直接扫描书中二维码观看。

7.1　变装短视频的制作

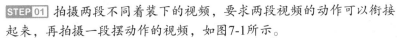

　　抖音短视频的流行，让越来越多的用户跃跃欲试。如何制作一个热门的抖音短视频呢？下面介绍几种在抖音上比较流行的短视频的制作方法。

　　变装短视频是抖音 App 中比较流行的视频类型之一，下面介绍变装短视频的制作方法。

7-1　变装短视频的制作

STEP 01 拍摄两段不同着装下的视频，要求两段视频的动作可以衔接起来，再拍摄一段摆动作的视频，如图7-1所示。

图 7-1

STEP 02 在抖音App中选好音乐，点开其中一个短视频，点击【分享】按钮，点击【复制链接】按钮，如图7-2所示。

图 7-2

STEP 03 打开剪映App，导入拍好的三段视频，如图7-3所示。

STEP 04 关闭原声，点击【音频】中的【音乐】选项，选择【导入音乐】选项，粘贴刚才复制的链接，如图7-4所示。

图 7-3　　　　　　　　　　　　　　　　　　图 7-4

STEP 05 回到剪辑界面，选中音频轨道，找到变装点的音乐位置，点击【踩点】选项，点击【添加点】按钮，可以看到在音频上出现了一个黄色的点，点击【√】按钮，如图7-5所示，或者在变装音乐处直接对音乐进行分割。

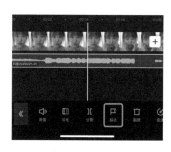
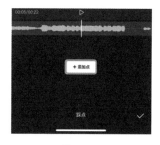
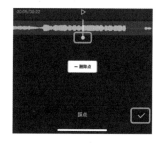

图 7-5

STEP 06 选中视频轨道，调整画布大小，将变装前的视频减速，变装后的视频加速，如图7-6所示。修剪视频素材，删除多余的部分，将音频与视频调整至对齐。

STEP 07 点击变装前后两段视频中间的小方块，跳转到转场界面，选中【色彩溶解Ⅱ】选项，设置【转场时长】为0.9秒，如图7-7所示。

STEP 08 将时间线定位到变装前后的转场处，点击【特效】选项，选择【星火炸开】选项，如图7-8所示。

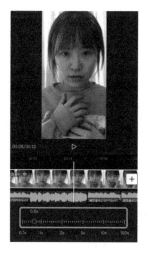

图 7-6

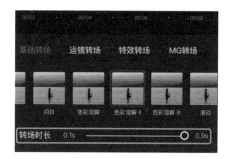

图 7-7

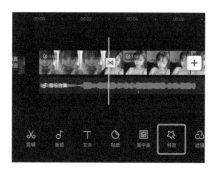

图 7-8

STEP 09 点击【新增特效】选项，选择【氛围】选项，选择【浪漫氛围Ⅱ】选项，调节长度，对齐变装后的两段视频，如图7-9所示。

STEP 10 在变装前的视频中添加文字"我要逆风翻盘""加油……"，如图7-10所示。最后导出视频。

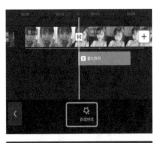
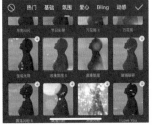

图 7-9　　　　　　　　　　　　　图 7-10

7.2　卡点短视频的制作

　　卡点短视频是抖音 App 中比较热门的视频类型之一，制作卡点短视频的关键在于将图片或者视频的切换点对齐音乐的节拍点。下面介绍简单的卡点短视频的制作方法。

7-2　卡点短视频的制作

STEP 01 准备好制作卡点短视频需要的图片素材，打开剪映App。在【剪辑】页面中点击【开始创作】按钮，点击【照片】选项，选择要导入的图片，点击右下角的【添加】按钮，将图片素材导入视频轨道，如图7-11所示。

图 7-11

STEP 02 将图片素材导入视频轨道之后，滑动下方工具栏，点击【比例】选项，选择【9∶16】选项，如图7-12所示，将视频调整为竖屏。

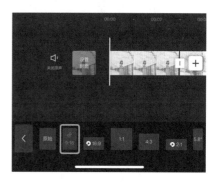

图 7-12

STEP 03 常见的卡点短视频背景颜色为黑色或者白色，将这个卡点短视频的背景颜色改为白色。点击下方工具栏的【背景】选项，点击【画布颜色】选项，选择白色，点击【应用到全部】按钮，即可将所有图片的背景颜色都变成白色，点击【√】按钮，如图7-13所示。

图 7-13

STEP 04 点击下方工具栏中的【音频】选项，选择【音乐】选项，选择【卡点】选项，选择一首自己喜欢的音乐并点击【使用】按钮即可，如图7-14、图7-15所示。

图 7-14

图 7-15

STEP 05 选中音频轨道，点击【踩点】选项，选择【自动踩点】选项，选择【踩节拍Ⅱ】选项，点击【√】按钮，如图7-16所示。

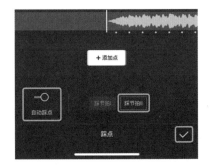

图 7-16

STEP 06 选中图片，拖动图片素材边缘的白色裁剪框，通过调整图片放映时长对齐设置好的音乐节拍点，按同样的方法对每一张图片进行同样的操作，如图7-17所示。

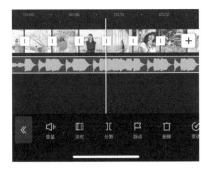

图 7-17

STEP 07 选中图片素材，点击下方工具栏中的【动画】选项，选择【组合动画】选项，选择【晃动旋出】动画效果，点击【√】按钮，如图7-18所示。按同样的方法对每一张图片进行同样的操作。

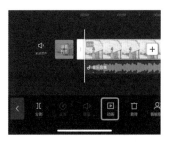 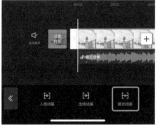 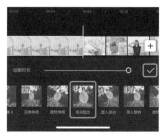

图 7-18

STEP 08 点击下方工具栏中的【特效】选项，选择【蹦迪光】选项，点击【√】按钮，将特效时长拉至与图片时长一致，如图7-19所示。

 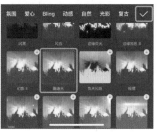 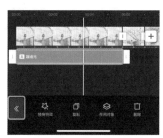

图 7-19

STEP 09 再点击下方工具栏中的【《】按钮，点击【新增特效】选项，选择【变清晰】选项，点击【√】按钮，调整特效时长，如图7-20所示。完成后导出视频即可。

图 7-20

7.3 颜色渐变效果短视频的制作

视频的颜色渐变效果，因在某部电影中使用而受到关注。下面介绍使用剪映 App 制作颜色渐变效果短视频的方法。

7-3　颜色渐变效果短视频的制作

STEP 01 打开剪映App，在【剪辑】页面中点击【开始创作】按钮，选择要导入的视频，点击右下角的【添加】按钮，将视频素材导入视频轨道，如图7-21所示。

图 7-21

STEP 02 选中视频素材，点击下方工具栏中的【复制】选项，复制完成后，再选中第一段视频素材，选择【滤镜】选项，选择【风格化】中的【牛皮纸】滤镜，然后点击【√】按钮，如图7-22所示。

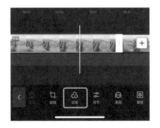

图 7-22

STEP 03 选中第二段视频素材，发现【切画中画】选项不可用，此时，点击一下主屏幕，选择【画中画】选项，再点击一下第二段视频素材，就可以使用【切画中画】选项了，如图7-23所示。

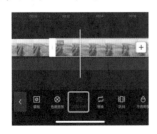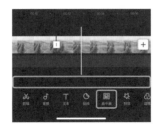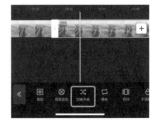

图 7-23

STEP 04 点击【切画中画】选项，第二段视频素材则会跳转到下面的视频轨道，长按第二段视频素材，将其拖至与第一段视频素材上下对齐的位置，如图7-24所示。

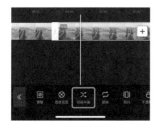
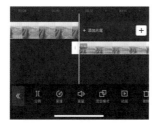
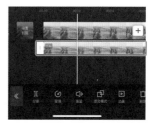

图 7-24

STEP 05 选中下方素材，点击菱形图标，在下方素材的开头添加关键帧，选择下方工具栏中的【蒙版】选项，选择【圆形】选项，点击【√】按钮，如图7-25所示。

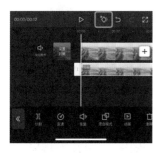

图 7-25

STEP 06 拖动上下、左右箭头调整蒙版的形状和大小，再向下拖动倒三角按钮，移动到视频最下方的位置，增加一点羽化效果，在第二段视频素材的结尾将蒙版放大，点击【√】按钮，如图7-26所示。完成后导出视频即可。

图 7-26

7.4　画中画卡点短视频的制作

下面介绍画中画卡点短视频的制作方法。

7-4　画中画卡点短视频的制作

STEP 01 准备好需要的图片素材，打开剪映App。在【剪辑】页面中点击【开始创作】按钮，点击【照片】选项，选择要导入的图片，点击右下角的【添加】按钮，将图片素材导入视频轨道，如图7-27所示。

图 7-27

STEP 02 将图片素材导入视频轨道之后，滑动下方工具栏，点击【比例】选项，选择【9：16】选项，如图7-28所示，将视频调整为竖屏。

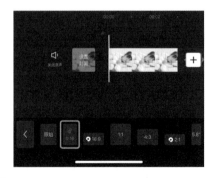

图 7-28

STEP 03 此时可以看到图片背景颜色为黑色，选中图片素材轨道，点击预览界面的图片，两指缩放扩大图片，使图片占满屏幕，如图7-29所示。

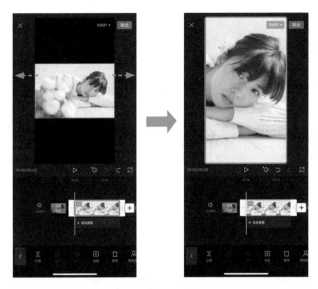

图 7-29

STEP 04 点击下方工具栏中的【音频】选项，选择【音乐】选项，在【添加音乐】界面的搜索框中搜索"混搭you音乐"，选择【混搭you（DJ版）】选项，点击【使用】按钮，如图7-30所示。

图 7-30

STEP 05 将时间轴移动到2分32秒处，选中音频轨道，点击下方工具栏中的【分割】选项，再将时间轴移动到2分42秒处，再次点击下方工具栏中的【分割】选项，如图7-31所示。

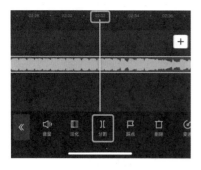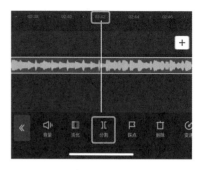

图 7-31

STEP 06 分割完成后，选中第一段音乐，点击下方工具栏中的【删除】选项，然后选中第三段音乐，点击下方工具栏中的【删除】选项，长按中间剩下的音乐，将其拖动到开头位置，如图7-32所示。

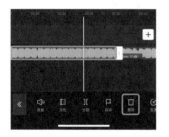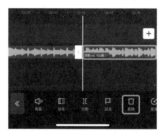

图 7-32

STEP 07 选中音乐，点击下方工具栏中的【踩点】选项，点击【自动踩点】选项，选中【踩节拍Ⅱ】选项，然后点击【√】按钮，为音乐增加节拍点，如图7-33所示。

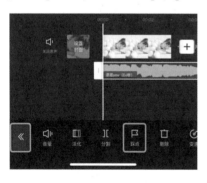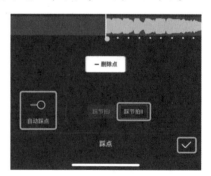

图 7-33

STEP 08 选中图片，按住图片右边白色裁剪框，向右拖动，直到图片播放时长与音乐时长对齐，如图7-34所示。

STEP 09 听一下音乐。可以听到音乐有一个明显的转场的地方，将时间线移动到音乐转场的地方，选中图片，点击【分割】选项，将图片分成两段，如图7-35所示。

图 7-34

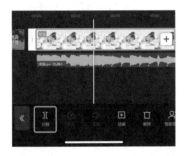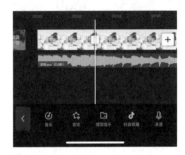

图 7-35

STEP 10 选择下方工具栏中的【画中画】选项，然后点击【新增画中画】选项，选中准备好的图片，点击【添加】按钮导入图片，如图7-36所示。

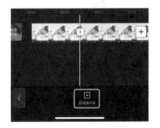

图 7-36

STEP 11 可以看到画中画图片覆盖在原图片之上，调整画中画图片的大小和位置，如图7-37所示。

图 7-37

STEP 12 图片大小、位置调整完成后，选中画中画图片素材，选择下方工具栏中的【不透明度】选项，调整画中画图片的不透明度，完成后点击【√】按钮，如图7-38所示。

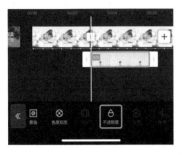

图 7-38

STEP 13 选中画中画图片，按住右侧白色裁剪框向左拖动至音乐卡点处，之后重复操作，添加剩下要制作画中画效果的图片，如图7-39所示。

图 7-39

STEP 14 选中第一段图片素材，点击下方工具栏中的【动画】选项，点击【组合动画】选项，选择【旋转缩小】选项，点击【√】按钮，如图7-40所示。

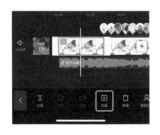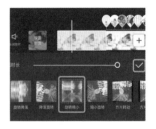

图 7-40

STEP 15 选中画中画图片素材，点击下方工具栏中的【动画】选项，点击【组合动画】选项，选择【形变缩小】，完成后点击【√】按钮，如图7-41所示。对每一张要制作画中画的图片进行同样的操作，完成后导出视频即可。

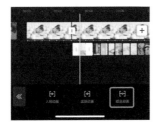

图 7-41

7.5 分身短视频的制作

下面介绍抖音分身短视频的制作方法。

STEP 01 录制视频素材，注意一定不要移动相机或者手机，控制好距离，动作之间不要有重叠。

STEP 02 打开剪映App，在【剪辑】页面中点击【开始创作】按钮，选择要导入的视频，点击右下角的【添加】按钮，将视频素材导入视频轨道，如图7-42所示。

7-5 分身短视频的制作

图 7-42

STEP 03 将时间线移动到9秒处，选中视频素材，点击下方工具栏中的【分割】选项，如图7-43所示。

STEP 04 分割完之后，点击下方工具栏中的【画中画】选项，选中第二段视频素材，点击【切画中画】选项，第二段视频素材则会跳转到下面的视频轨道，长按第二段视频素材，将其拖至与第一段视频素材上下对齐的位置，如图7-44和图7-45所示。

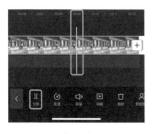
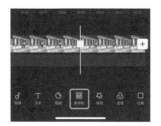

图 7-43　　　　　　　　　　　　　　图 7-44

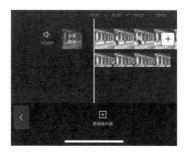

图 7-45

STEP 05　向左滑动下方工具栏，选择【蒙版】选项，选择【线性】选项，如图7-46所示。

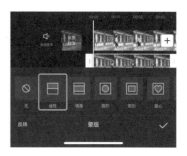

图 7-46

STEP 06　用两指旋转黄色线条，将其向右移动到合适的位置，如图7-47所示。需要注意的是，如果视频中人像消失了，可以点击左下角的【反转】选项或者将黄色线条旋转180°。

图 7-47

STEP 07 蒙版调整完后，选中第一段视频素材，向左拖动右边白色裁剪框，直至其与第二段视频素材对齐，如图7-48所示。完成后导出视频即可。

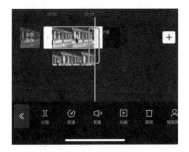

图 7-48

7.6　钟摆转场短视频的制作

下面介绍抖音钟摆转场短视频的制作方法。

STEP 01 准备好需要的视频素材，打开剪映App。在【剪辑】页面中点击【开始创作】按钮，选中要导入的三个视频，然后点击右下角的【添加】按钮，将视频素材导入视频轨道，如图7-49所示。

7-6　钟摆转场短视频的制作

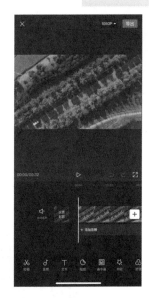

图 7-49

STEP 02 点击下方工具栏中的【画中画】选项，然后点击【新增画中画】选项，选中要应用钟摆特效的视频素材，点击【添加】按钮，如图7-50所示。

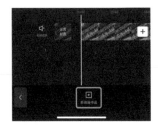

图 7-50

STEP 03 两指缩放扩大钟摆特效素材，直至覆盖下方素材，如图7-51所示。

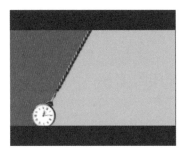

图 7-51

STEP 04 向左滑动下方工具栏，选择【色度抠图】选项，将圆环取色器移至绿色区域，点击【强度】选项，将参数调整为100，可以看到绿色区域变透明了，点击【阴影】选项，也将参数调整为100，然后点击【√】按钮，如图7-52所示。

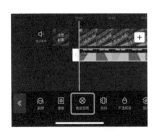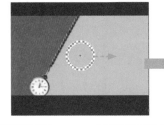

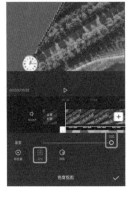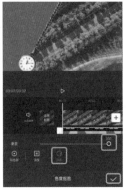

图 7-52

STEP 05 移动时间线到钟摆摆到最右侧的位置，由于视频素材时长较长，所以用两个手指同时按住视频素材向里拉，缩短时间轴，选中第一个原视频素材，然后拖动右侧白色裁剪框向左滑动，直至时间线处，将第一个视频与时间线对齐，如图7-53所示。对后面两个视频重复以上操作，使每段视频的结尾与钟摆摆到最右侧的位置重合。

图 7-53

STEP 06 制作完成之后，点击右上角【导出】按钮，然后点击【完成】按钮，如图7-54所示。

图 7-54

STEP 07 保存完成之后，再次在【剪辑】页面中点击【开始创作】按钮，选择要导入的三个视频，点击右下角的【添加】按钮，将视频素材导入视频轨道，如图7-55所示。

图 7-55

STEP 08 点击下方工具栏中的【画中画】选项，然后点击【新增画中画】选项，选择钟摆特效素材，完成后点击【添加】按钮，如图7-56所示。

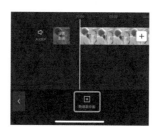

图 7-56

STEP 09 两指拉伸扩大钟摆特效素材，直至其覆盖下方素材，如图7-57所示。

图 7-57

STEP 10 向左滑动下方工具栏，选择【色度抠图】选项，将圆环取色器移至蓝色区域，点击【强度】选项，将参数调整为100，可以看到蓝色区域变透明了，点击【阴影】选项，也将参数调整为100，然后点击【√】按钮，如图7-58所示。

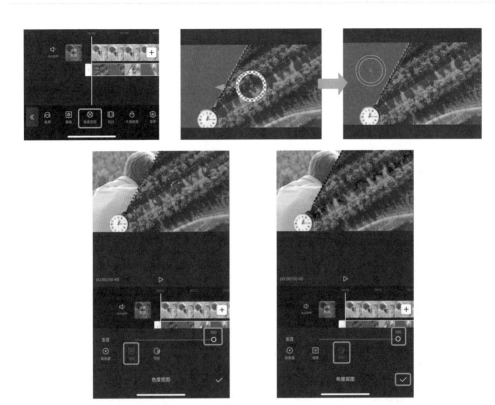

图 7-58

STEP 11 移动时间线到钟摆摆到最左侧的位置，由于视频素材时长较长，所以用两个手指同时按住视频素材向里拉，缩短时间轴，选中第一个原视频素材，然后拖动右侧白色裁剪框向左滑动，直至时间线处，将第一个视频与时间线对齐，如图7-59所示。对后面两个视频重复以上操作，使每段视频的结尾与钟摆摆到最左侧的位置重合，完成后导出视频即可。

图 7-59

7.7 蒙版卡点短视频的制作

下面介绍抖音蒙版卡点短视频的制作方法。

7-7 蒙版卡点短视频的制作

STEP 01 准备好需要的视频素材，打开剪映App。在【剪辑】页面中点击【开始创作】按钮，选中要导入的视频，点击右下角的【添加】按钮，将视频素材导入视频轨道，如图7-60所示。

图 7-60

STEP 02 在确保抖音App与剪映App登录账号相同的情况下，先观看抖音App中的短视频，点击音乐名称或者音乐图标，点击【收藏】按钮，回到剪映App，点击【音频】选项，选择【抖音收藏】选项，找到音乐，点击【使用】按钮，如图7-61所示。

图 7-61

STEP 03　选中音乐，点击【踩点】选项，点击【自动踩点】选项，选中【踩节拍Ⅱ】选项，然后点击【√】按钮，如图7-62所示。

图 7-62

STEP 04　选中第一段视频素材，往左拖动右边白色裁剪框，使其与卡点处对齐，对其余视频素材进行同样的操作，如图7-63所示。

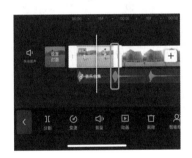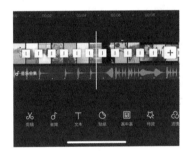

图 7-63

STEP 05　选中第一段视频素材，将时间线移到视频开头处，点击菱形图标，添加一个关键帧，向左滑动下方工具栏，选择【蒙版】选项，选择【矩形】选项，然后点击【√】按钮，如图7-64所示。

图 7-64

STEP 06 通过调节上下、左右箭头调整蒙版的位置与大小，以露出视频中的人物，如图7-65所示。

 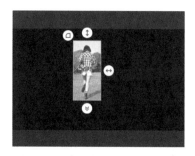

图 7-65

STEP 07 将时间线移到第一段视频的结尾处，重新调整蒙版的位置和大小，如图7-66所示。重复以上步骤，编辑所有视频素材，完成后导出视频即可。

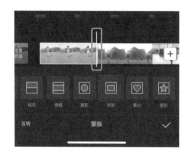 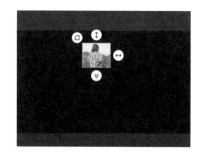

图 7-66

本章习题

一、操作题

1．以"我的偶像"为主题，使用剪映 App 制作一个不少于 10 秒的卡点视频，要求使用关键帧、蒙版。

2．以"自然景色"为主题，使用剪映 App 制作一个具有电影质感的短视频。

3．以"时间消逝"为主题，使用剪映 App 制作一个具有颜色渐变效果的短视频。

第8章

Vlog 的制作
及案例分析

Vlog作为动态视频能更好地展现生活的精彩瞬间，比起图片和文字更能拉近与用户的距离，让用户感受到不同创作者的风格。

关于本章知识，本书配套的教学资源可在人邮教育社区下载使用，教学视频可直接扫描书中二维码观看。

8.1　Vlog 的制作

Vlog 译为微录，全称是 Video Blog 或 Video Log，意思为视频日记、视频博客，是指 Vlog 作者（Vlogger）以视频的形式记录生活，强调真实性。

Vlog 最早在 2006 年推出，2012 年在 YouTube 出现了第一条 Vlog，在 YouTube 上 Vlog 被定义为"用视频记录生活"。

8.1.1　前期准备

一个好的 Vlog 离不开一台合适的拍摄设备。由于拍摄 Vlog 有时候需要长时间手持拍摄设备，所以不建议用单反相机拍摄，推荐使用微单相机或手机，还需要搭配一个手持稳定器。手机拍摄视频的分辨率设为 1080p，帧率设为 60fps。

8.1.2　内容策划

内容策划主要包括确定主题、构思大纲和编写脚本。Vlog 的拍摄主题非常广泛，可以是记录上班，也可以是记录一次旅行，还可以是一次化妆教程分享等。因此，在拍摄之前必须先确定 Vlog 的主题，确定自己想要表达的主要内容，才能更精准地选择所要拍摄的对象。下面以记录上班 Vlog 为例，介绍制作 Vlog 的流程。

制作 Vlog 最好提前两天开始构思，因为一个完整的 Vlog 包含很多细节，需要确认要拍摄的事件、地点和拍摄的角度等。表 8-1 所示为记录上班 Vlog 脚本，Vlog 时长为 1 分钟左右。

▼ 表 8-1　记录上班 Vlog 脚本

镜号	景别	画面内容	字幕	时间
1	特写	点亮手机屏幕，显示时间	7:00 起床啦	1s
2	特写	将水杯放在饮水机接水	起床先喝一杯水	1s
3	全景	拍摄窗外的景物	天还黑着	1s
4	近景	刷牙	7:20 洗漱	1s
5	近景	擦头发	洗澡	1s
6	近景	吹头发	洗澡	1s
7	近景	早饭	7:40 爸爸做了早饭	1s
8	特写	散粉定妆	8:00 化妆	2s
9	特写	画眼线	8:00 化妆	1.5s
10	特写	涂口红	8:00 化妆	2s
11	近景	本人出镜，在穿衣镜前对镜拍摄	冷冷冷 要多穿一点哦	1.5s
12	中景	小区里、上班路上的景物	8:30 出门啦啦啦啦	1s

（续表）

镜号	景别	画面内容	字幕	时间
13	特写	背包放到办公桌上	8:50 到公司了	1s
14	特写	按主机开机键	8:50 到公司了	1s
15	特写	电脑屏幕，屏幕为工作界面	8:50 到公司了	1.5s
16	近景	本人及同事坐在座位上工作	9:00 开始认真工作啦	2s
17	特写	花甲粉	12:00 下班啦 来吃花甲粉	1.5 s
18	近景	本人出镜，对着镜头打招呼	13:30 回归工作岗位	2s
19	特写	指纹打卡	18:00 下班打卡 滴	2.5s
20	近景—特写	本人出镜，在穿衣镜前对镜拍摄，做几个动作	18:40 到家啦 开心 今天真的好冷哦	6s
21	特写	抚摸毛绒娃娃	安抚一下小可爱们	2s
22	特写	本人出镜，对着镜头摆造型	卸妆前臭美一下	1.5s
23	特写	戴发带	19:40 开始卸妆啦	1s
24	特写	在脸上涂抹卸妆油	一定要好好卸妆哦	1s
25	特写	展开面膜布，在脸上贴上面膜	20:10 敷面膜	2.5s
26	特写	调整面膜	20:10 敷面膜	2.5s
27	近景	本人在房间加班	一边敷面膜一边加班	3.5s
28	近景	撕开零食包装吃零食	吃点零食	1s
29	近景	在客厅沙发上吃零食、看电视	20:50 跟爸妈一起看一会电视	4s

8.1.3　拍摄

　　脚本写完之后，就可以根据脚本进行拍摄，拍摄时需要注意拍摄技巧的应用。下面介绍 Vlog 拍摄中常用的运镜技巧和转场技巧。

　　（1）运镜技巧。合理运用运镜技巧可以让 Vlog 充满质感，利用拍摄画面的移动让视频更有吸引力。

　　移动摇镜：利用手机横、竖移动，前后推拉或者甩的动作来展示主体周围的环境、细节或者状态。

　　一镜到底：拍摄前往目的地的路上，剪辑时搭配停顿的慢镜头，节奏感更强。

　　跟随镜头：跟随主体旋转，或者跟拍移动主体，移动的时候一定要保持拍摄设备的稳定。

　　（2）转场技巧。恰到好处的转场技巧可以丰富镜头的表现力，提升作品画面格调，将观众带入到画面情境中去。

　　物体遮挡转场：用画面中的某个物体或是固定部位挡住镜头，如背包、树木和建筑等，然后转换到另一个画面。

相似场景转场：利用同一天空、颜色相似的墙面、人物的相似动作等完成画面转换。

旋转跳跃转场：利用瞬间动作迅速切换画面，如跳跃。

180°旋转转场：第一个镜头结束时镜头向左或向右旋转180°，第二个镜头需换一个场景并且开头保持和第一个镜头中同样的旋转方向旋转剩下的180°。后期将这两个镜头拼接在一起就能实现无缝转场。

快慢镜头结合：快速镜头有利于营造紧张的氛围，而慢速镜头有利于交代场景、让气氛平缓。快慢镜头结合有两种方式。一是由慢至快，这样能够在交代清楚环境后，让观众情绪紧张，为后面的故事做铺垫。二是由快至慢，这样能起到舒缓情绪、交代环境的作用。

延时镜头：电影和电视剧里都会出现空镜头作为转场，如天空、树、人流等。Vlog里同样也需要类似的转场效果，用延时镜头当作空镜头，会使整个Vlog看起来更有质感。现在手机一般都自带延时摄影功能，拍起来也很方便。

8.1.4 后期制作

完成视频拍摄后，就进入后期制作阶段。Vlog后期制作主要包括修剪视频、加滤镜调色、加背景音乐和加字幕等，可以添加一些转场技巧，弥补前期拍摄的不足。

8-1 后期制作

修剪视频之前需要将拍摄的视频素材先观看一遍，因为视频素材很多，但不可能全用上，所以在观看的时候，需要选出并标记可以用的镜头。

前期拍摄Vlog的过程中，画面呈现出来的效果不一定是自己想要的风格。我们可以通过添加剪辑软件中的滤镜，对视频进行一键调色，如日系风格、电影胶片等；也可以通过改变原视频的亮度、对比度、饱和度和曝光等参数进行调色，如增加对比度和饱和度，画面看起来就鲜亮、活泼了。

搭配恰当的背景音乐和字幕会让Vlog更具质感。字幕是视频内容的体现，音乐则是内容升华的手段。为了能够让观众更加清楚地了解视频内容，字幕是必不可少的。而背景音乐也不是随意添加的，需要契合视频内容，起到烘托气氛的效果，一段不合时宜的音乐不仅不能给作品加分，还会使视频效果大打折扣。下面介绍具体的剪辑步骤。

○ 使用剪映App制作Vlog片头、片尾

STEP 01 找一张背景为纯黑色的图片，将其导入剪映App，修剪图片时长为1秒，在界面下方点击【文本】选项，在打开的界面中点击【新建文本】选项，输入文本"打工人的一天"，选择【动画】，选择【打字机I】选项，设置效果时长为1秒，修剪文字时长为1秒，点击【导出】按钮，如图8-1所示。

STEP 02 片尾的制作方法与片头相同，找一张纯黑色背景图片，将其导入剪映App，在界面下方点击【文本】选项，在打开的界面中点击【新建文本】选项，输入文本"22:30 回房间睡觉"，将时间线定位到1秒的位置，输入文本"平淡且充实的一天又结束啦"，调整文本的位置及大小，选择【动画】选项，选择【羽化向右擦开】选项，设置效果时长为2秒，修剪文字时长为2秒，点击【导出】按钮，如图8-2所示。

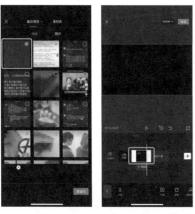

图 8-1

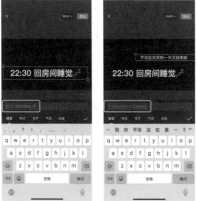

图 8-2

● 使用 Premiere 剪辑 Vlog 内容

STEP 01　先观看一遍拍摄好的素材，筛选所需素材，将所需素材放在同一文件夹中，并按照脚本镜号排序，以方便剪辑，如图8-3所示。

STEP 02　启动Premiere Pro 2020，在【主页】对话框中单击【新建项目】按钮，如图8-4所示。

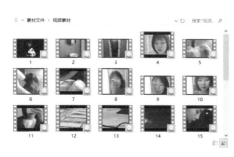

图 8-3

图 8-4

STEP 03 弹出【新建项目】对话框，**1**在【名称】文本框中输入"打工人的一天"，**2**单击【浏览】按钮，设置项目保存位置，**3**其余选项默认不变，单击【确定】按钮，如图8-5所示。

STEP 04 **1**单击【项目】面板右下角的【新建素材箱】按钮，**2**将其重命名为"Vlog视频素材"，按同样的方法新建"Vlog背景音乐"文件夹，如图8-6所示。

图 8-5

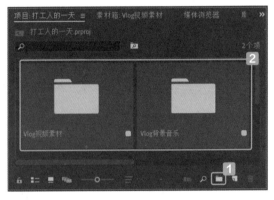

图 8-6

STEP 05 单击【素材箱：Vlog视频素材】面板，**1**双击或按【Ctrl+I】组合键，**2**弹出【导入】对话框，选中要导入的视频素材，**3**单击【打开】按钮，如图8-7所示。

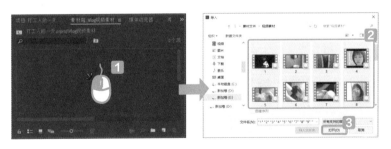

图 8-7

STEP 06 此时，即可看到视频素材已经被导入【素材箱：Vlog视频素材】面板，但是将界面切换到列表视图，可能会发现视频素材不是按照名称顺序排的（见图8-8）。如果直接将素材拖到时间轴上，时间轴上的素材顺序也会被打乱，再调整顺序也需要花费一些时间；分别将素材拖到时间轴上也很耗费时间。因此，**1**选中所有视频素材，**2**单击【名称】框，即可看到素材按照名称顺序排列，如图8-9所示。

| 图 8-8 | 图 8-9 |

STEP 07 选中所有视频素材，按住鼠标左键将其拖入【时间轴】面板。**1**在【时间轴】面板中选中所有视频素材，单击鼠标右键，**2**在弹出的快捷菜单中选择【取消链接】选项，**3**选中音频，单击鼠标右键，**4**在弹出的快捷菜单中选择【清除】选项，或按【Delete】键即可将视频自带的背景声音删除，如图8-10、图8-11所示。

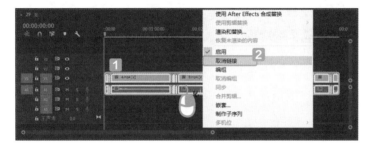

图 8-10

图 8-11

STEP 08 接下来修剪视频，使用工具栏中的【剃刀工具】或者在英文输入法状态下按【C】键，在时间线上单击分割视频素材，选中不需要的视频素材，按【Delete】键删除。为了修剪地更精确，可以滑动下方的滚动条，将时间轴放大，或者在【源】面板中通过标记入点和出点修剪视频（具体步骤参考第4章）。视频素材全部修剪完成后，如图8-12所示。

图 8-12

175

可以看到，修剪之后的视频时长超过 1 分钟，但需要将时长控制在 1 分钟内，所以下面可以根据脚本规定的时长对视频进行调速，缩短视频时长。

STEP 09 在【时间轴】面板里单击鼠标右键选中视频素材，在弹出的快捷菜单中选择【速度/持续时间】选项，增大数字，加快视频播放速度，或者使用【比率拉伸工具】将指针放在该视频的右侧，向左拖动加快视频速度（具体步骤参考第4章）。可以看到调速之后的视频时长在1分钟以内，如图8-13所示。

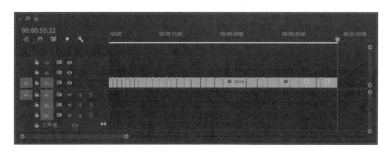

图 8-13

STEP 10 接下来为视频添加文字（具体步骤参考第4章），注意调整文字的大小与位置，不要挡住人物的脸。

STEP 11 文字添加之后，导入之前做好的片头、片尾和选好的音乐，记录上班Vlog制作完成。

8.2　Vlog 案例分析

各大短视频平台纷纷推出扶持 Vlog 政策，如抖音投入 10 亿元的流量扶持 Vlog、百度好看视频投入 5 亿元现金补贴 Vlog、微博发起 Vlog 大赛等。可以看出，Vlog 在我国的市场逐渐扩大，很多艺人也开始拍摄 Vlog。

8-2　Vlog 案例分析

某艺人是国内较早制作 Vlog 并获得成功的典范，该艺人的第一条 Vlog 发布于 2018 年 3 月 4 日。当时 Vlog 在国内还非常小众，一直到 2018 年第四季度国内主流市场才开始出现 Vlog，所以她比国内大多数 Vlogger 都要更早地开始制作 Vlog，其作品非常具有代表性。下面从定位、剪辑、数据三方面分析该艺人的 Vlog。

1. 定位

该艺人的 Vlog 定位基本是记录生活，如在波士顿的留学生活，作为艺人参加活动、拍摄广告、演出后台的幕后花絮等，如图 8-14 所示。

但她也会拍摄一些有主题的 Vlog，如 Vlog23 的回吉安老家、Vlog31 的鞋子分享等，如图 8-15 所示。总体上，她还是以记录日常生活的片段、与镜头对话为主。

图 8-14

图 8-15

2. 剪辑

顺序拼接分为拍摄顺序拼接和剪辑顺序拼接。拍摄顺序拼接为 Vlogger 按正常时间经历各种事件的顺序进行拼接。剪辑顺序拼接主要是 Vlogger 为了让 Vlog 内容更丰富、更具戏剧性，不按照正常的时间顺序剪辑事件进行拼接。该艺人的 Vlog 剪辑相对朴素，基本采取的是剪辑顺序拼接，如她经常在 Vlog 中说"现在是早上的六点""现在是一点多""现在是早上九点半左右"等。因此在拍摄 Vlog 时，可以采用倒序的方式，以增加 Vlog 内容的趣味性。

3. 数据

以该艺人 2019 年 1 月 4 日—5 月 17 日的 19 条 Vlog 为例，即 Vlog21 ～ Vlog39，数据参考微博平台，如图 8-16 所示，解读 Vlog 播放量数据的意义。

Vlog21 ～ Vlog39，这 19 条 Vlog 的平均播放量为 965 万次，平均每集时长为 9 分 8 秒，更新周期为每周一次。从图 8-16 中可以看出，播放量最高的一期为 Vlog25，即 2 月 1 日发布的 Vlog，播放量为 1529 万次，这期的主题为"我的冬天妆容"，时长为 14 分 44 秒。从图 8-16 中还可以看到从 Vlog32，即 3 月 29 日发布的 Vlog 开始，播放量开始下滑，但是用"回归正常"来形容更为合适，为什么这么说呢？从图 8-16 可以看出从 Vlog22 ～ Vlog31，即 1 月 11 日～ 3 月 15 日发布的 Vlog，期间发生了两件比较重要的事情：第一件就是春节，春节期间是各大平台活跃度都比较高的一个时期；第二件就是从 2018 年年底—2019 年 3 月，各大媒体争相报道 Vlog，可以经常看到"Vlog 风口""Vlog 元年"等字眼，再加上抖音、微博、百度等各大

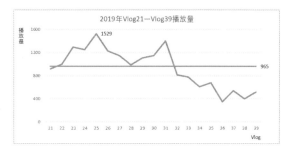

图 8-16

平台对 Vlog 的推动，所以在那期间该艺人 Vlog 的整体数据相对来说比较高。

此外据统计，该艺人除了 Vlog 以外的所有视频的平均播放量为 420 万次，包括广告、唱歌作品等，而这些视频的播放量远远低于 Vlog 的播放量，这可以说明两点。第一，该艺人微博上的粉丝更喜欢看到该艺人日常生活中真实的样子，而该艺人在广告、唱歌作品等视频中的形象与在电视节目中的形象差不多，会给粉丝带来距离感。但是在 Vlog 中，粉丝发现，原来艺人跟普通人的生活状态差不多，产生了亲切感。第二，对于该艺人来说，因为 Vlog 的发布与走红，丰富了自己的形象，起到了锦上添花的作用，所以对于该艺人来说，她的 Vlog 无疑是非常成功的。

4. 总结

该艺人的 Vlog 属于流水账式的 Vlog，即记录普通大学生的生活：熬夜赶论文，与家人、朋友聚会。但也可以在 Vlog 中看到她盛装出席看秀，录制节目、拍摄杂志的幕后花絮内容。艺人与普通大学生的双重身份使该艺人的 Vlog 可看性非常高。

目前而言，流水账式的 Vlog 比较适合已经有一定粉丝基础的艺人或者平时不经常发布生活日常的博主。例如，美妆博主，其经常发布的视频主要为化妆教程、推荐好用的化妆品等；游戏博主发布的视频主要为游戏精彩过程，本人较少出镜，这些类型的博主很适合制作流水账式的 Vlog。流水账式的 Vlog 是 Vlog 类型里，制作成本最小、制作最简单，同时也是最容易入门的一种形式。

该艺人的 Vlog 一开始主要以她的留学生活及学习为主，带动了 Vlog 在微博上的不断发展，从而渐渐衍生出美食、旅游等其他领域的专业 Vlogger。Vlogger 在其视频中会与身边朋友一起分享他们的故事、感兴趣的信息，或者记录一次旅游等。这些都是社会传播，即 Vlogger 通过分享来完善自己在观众心中的形象，使自己标签化，从而强化形象。

日常生活中，Vlogger 通过发布 Vlog 来分享自己的日常生活，这种形式能够更好地表达情感，在一定程度满足了观众的需求，让更多的人选择用 Vlog 记录自己的生活。

通过该艺人的 Vlog，不难看出 Vlog 寄托了观众的美好愿望。Vlog 为观众展示了一种"可望而可及"的生活状态，在多次观看后观众会产生自己的生活和 Vlogger 的生活非常接近的感觉。观众会将自己的生活和 Vlogger 的生活进行比较，明确自身的定位。Vlogger 的身份多种多样，如大学生、上班族、全职博主等，观众通过观看 Vlogger 的生活，再与自身进行比较，会产生"我更优秀"的自信感或"我不如他"的失落感，但这些感受都会使观众更明确自身在群体中的定位。

从新浪微博 Vlog 的用户来看，艺人占比较多。2018 年该艺人的留学 Vlog 在新浪微博投放后，国内的众多艺人也加入拍摄 Vlog 行列，他们在微博平台上拥有庞大的粉丝群体。这些艺人通过微博发布 Vlog，让粉丝们看到了真实的艺人生活，这也在一定程度上满足了观众的心理需求。

本章习题

1．以"我的大学生活的一天"为主题拍摄制作一个时长不少于 1 分钟的 Vlog，并给出具体的执行方案。

2．主题自定，拍摄一段时长不少于 2 分钟的 Vlog，并给出具体的执行方案。